从零开始学

Python数据分析

（视频教学版）

罗攀◎编著

U0256040

机械工业出版社

China Machine Press

图书在版编目（CIP）数据

从零开始学Python数据分析：视频教学版/罗攀编著. —北京：机械工业出版社，2018.7

（2023.1重印）

ISBN 978-7-111-60646-8

Ⅰ．从…　Ⅱ．罗…　Ⅲ．软件工具－程序设计　Ⅳ. TP311.561

中国版本图书馆CIP数据核字（2018）第182809号

　　网络中的信息是很庞大的。如何提取这些信息？如何分析这些信息？这都需要用到数据分析技术。而数据分析技术的首选语言是Python，而本书便是一本适合"小白"学习Python数据分析的入门图书，书中不仅有各种分析框架的使用技巧，而且也有各类数据图表的绘制方法。本书通过讲解多个案例，让读者体验数据背后的乐趣。

　　本书共11章，核心内容包括Python数据分析环境安装、NumPy基础、pandas基础、外部数据读取与存储、数据清洗与整理、数据分组与聚合、matplotlib可视化、seaborn可视化、pyecharts可视化、时间序列、网站日志分析综合案例等。

　　本书适合Python数据分析的初学者和爱好者阅读，也适合作为各类院校相关专业的教学用书，同时还适合相关社会培训机构作为Python数据分析的培训教材或者参考书。

从零开始学 Python 数据分析（视频教学版）

出版发行：机械工业出版社（北京市西城区百万庄大街22号　邮政编码：100037）	
责任编辑：欧振旭　李华君	责任校对：姚志娟
印　　刷：北京捷迅佳彩印刷有限公司	版　　次：2023年1月第1版第7次印刷
开　　本：186mm×240mm　1/16	印　　张：17
书　　号：ISBN 978-7-111-60646-8	定　　价：69.00元

客服电话：（010）88361066　68326294

前言

互联网的飞速发展伴随着海量信息的产生，而海量信息的背后对应的则是海量数据。如何从这些海量数据中获取有价值的信息来供人们学习和工作使用，这就不得不用到大数据挖掘和分析技术。数据分析作为大数据技术的核心一环，其重要性不言而喻。

在数据分析领域，Python 语言以其简单易用，并提供了优秀、好用的第三方库和数据分析的完整框架而深受数据分析人员的青睐。可以说，Python 已经当仁不让地成为了数据分析人员的一把"利器"。程序员想要进入数据分析行业，首先要掌握 Python 数据分析技术，只有这样才能在严峻的就业市场中具有较强的竞争力。

目前图书市场上关于 Python 数据分析的图书主要是几本翻译图书，其定位相对高端，而且翻译质量参差不齐，案例数据不方便下载，阅读难度系数较大，初学者不容易上手，故不适合初学者学习；而国内的几本原创 Python 数据分析图书质量也良莠不齐，不成系统，也不适合初学者阅读。可以说，图书市场上还鲜见一本通俗易懂且适合"小白"阅读的 Python 数据分析入门图书，基于此，笔者编写了本书。本书从 Python 数据分析的基础知识入手讲解，然后结合大量的数据分析案例，系统地介绍了 Python 数据分析的方法和流程，手把手带领读者掌握 Python 数据分析的相关知识，并提高读者的项目实践能力。

本书特色

1. 视频教学，高效、直观

为了便于读者高效、直观地学习，笔者专门为本书的重点内容录制了配套教学视频，读者可以一边看书，一边结合教学视频进行学习，以取得更好的学习效果。

2. 内容全面，讲解系统

本书不但全面介绍了从 Numpy 到 pandas，从 matplotlib 到 pyecharts 的数据分析必学技术，而且还系统地讲解了从数据读取到数据清洗，从数据处理到数据可视化的详细步骤。

3．给出了数据分析环境的安装和配置步骤

本书详细介绍了 Python 数据分析集成环境 Anaconda 的安装步骤和使用方法，可以大大降低初学者学习 Python 数据分析的门槛，从而让读者快速跨进 Python 数据分析的大门。

4．详细介绍了数据分析的流程

本书从一开始便对数据分析的流程进行了详细介绍，而且在讲解中结合了多个实用性很强的数据分析项目案例，带领读者掌握 Python 数据分析的相关知识，以解决实际工作中的数据分析问题。

5．提供了9个有较高应用价值的项目案例，有很强的实用性

本书提供了 9 个实用性很强的数据分析项目案例，这些案例从不同的分析角度切入进行讲解，具有较高的应用价值。读者通过实际操练，可以更加透彻地理解数据分析的相关知识。

6．提供教学PPT，方便教学和学习

笔者专门为本书制作了专业的教学 PPT，以方便相关院校的教学人员授课时使用；读者也可以通过教学 PPT，提纲挈领地掌握书中的内容脉络。

本书内容

第 1 章　Python 环境搭建与使用

本章介绍了如何搭建和使用 Python 数据分析环境，并介绍了如何使用 Jupyter Notebook 进行数据分析编程。

第 2 章　NumPy 入门和实战

本章首先介绍了 Numpy 的基本数据结构——多维数组；然后介绍了多维数组的创建和基本属性、数组的切片和索引方法，以及数组的运算与存取；最后通过综合案例，演示了如何实现图像的变换功能。

第 3 章　pandas 入门和实战

本章首先介绍了 pandas 中两种基础数据结构的创建和使用方法；然后详细讲解了 DataFrame 的选取和操作，同时介绍了其算术运算、函数的使用和 pandas 的可视化方法；最后结合案例，介绍了数据分析流程。

第 4 章　外部数据的读取与存储

本章主要介绍了如何利用 pandas 库读取外部数据为 DataFrame 数据格式，并介绍了通过 Python 进行数据处理后如何将 DataFrame 类数据存储到相应的外部数据文件中。

第 5 章　数据清洗与整理

本章主要介绍了如何使用 pandas 进行多源数据的清洗和整理，并给出了针对多源数据的合并和连接方法，以及数据的重塑方法，最后通过一个综合案例演示了数据分析中的数据清洗过程。

第 6 章　数据分组与聚合

本章涵盖的主要内容有：GroupBy 的原理和使用方法；聚合函数的使用；分组运算中 transform 和 apply 方法的使用；通过 pandas 创建数据透视表；通过综合案例，巩固数据分组统计的使用。

第 7 章　matplotlib 可视化

本章涵盖的主要内容有：利用 matplotlib 进行图表绘制；学会使用自定义设置，个性化绘制图表；通过综合案例，巩固 matplotlib 可视化的方法和技巧。

第 8 章　seaborn 可视化

本章涵盖的主要内容有：使用 seaborn 绘图；学会 seaborn 样式和分布图绘制；通过综合案例泰坦尼克号的生还者数据，巩固 seaborn 的可视化方法和技巧。

第 9 章　pyecharts 可视化

本章涵盖的主要内容有：安装 pyecharts 库；学会使用 pyecharts 库绘制基本图表；学会绘制其他图表；通过综合案例，巩固 pyecharts 的绘制方法和技巧。

第 10 章　时间序列

本章涵盖的主要内容有：时间序列的构造和使用方法；时间序列的频率转换与重采样；通过综合案例，巩固时间序列数据的处理与分析方法。

第 11 章　综合案例——网站日志分析

本章通过一个综合案例，介绍了如何通过 Python 的第三方库解析网站日志；如何利用 pandas 对网站日志数据进行预处理；结合前面介绍的数据分析和数据可视化技术对网站日志数据进行分析。

本书配套资源获取方式

本书提供以下配套资源：

- 本书配套教学视频；
- 超值电子书（地图绘制技术）；
- 本书相关素材文件；
- 本书源代码文件；
- 本书教学 PPT。

这些配套资源需要读者自行下载。请在 www.hzbook.com 网站上搜索到本书，然后单击"资料下载"按钮即可找到"配书资源"下载链接。

适合阅读本书的读者

- 数据分析初学者；
- 数据分析爱好者；
- 数据分析从业人员；
- 数据分析培训学员；
- 高校相关专业的学生。

本书由罗攀主笔编写，蒋仟、陈瑞滕和潘丹三位小伙伴也参与了部分章节的编写工作，在此对他们表示特别的感谢！

由于作者水平所限，加之写作时间有限，书中可能还存在一些疏漏和不足之处，敬请各位读者斧正。联系我们请发电子邮件到 hzbook2017@163.com。

罗攀

目 录

第 1 章 Python 环境搭建与使用

Python 语言在数据读取、数据处理、数据可视化和数据挖掘等方面都有极其广泛的应用。本章将讲解如何搭建和使用 Python 数据科学环境，并学习使用 Jupyter Notebook 进行编程。

下面给出本章涉及的知识点与学习目标。

- Anaconda 安装和使用：学会数据科学环境的搭建和使用。
- Jupyter Notebook 使用：学会 Jupyter Notebook 的基本操作和 Python 程序的编写。

1.1 Anaconda 的安装和使用

"工欲善其事，必先利其器"。本节将介绍 Python 数据科学环境（Anaconda）的安装和使用方法。

1.1.1 Anaconda 的安装

Anaconda 是一个集成的 Python 数据科学环境。简单地说，Anaconda 除了有 Python 外，还安装了 180 多个用于数据分析的第三方库，而且可以使用 conda 命令安装第三方库和创建多个环境。相对于只安装 Python 而言，安装 Anaconda 避免了安装第三方库的麻烦。

⌂注意：因为许多与数据分析相关的 Python 第三方库依赖性强，不容易安装，建议使用 Anaconda。

（1）打开浏览器，进入清华大学 Anaconda 开源镜像源（https://mirror.tuna.tsinghua.edu. cn/help/anaconda/），单击链接进行下载，如图 1.1 所示。

⌂注意：由于网络限制，这里没有介绍如何在官网下载，而是选择通过镜像下载。

（2）通过下拉列表选择最新的 Anaconda 版本，读者可根据计算机操作系统进行下载，如图 1.2 所示。

⌂注意：Anaconda 3 为 Python 3 的版本。本书以 Windows 64 位操作系统为例。

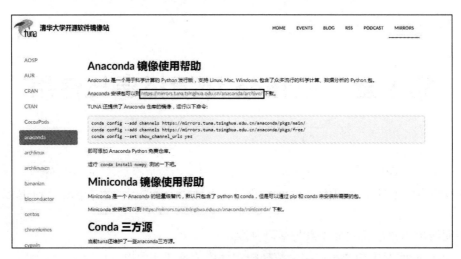

图 1.1　安装步骤 1

图 1.2　安装步骤 2

（3）双击打开下载好的程序，在欢迎界面单击 Next 按钮进入下一步，然后单击 I Agree 按钮同意进行安装，此时会要求读者选择使用的用户类型，读者可选择所有用户（All Users），然后单击 Next 按钮进入下一步，如图 1.3 所示。

（4）选择安装路径，建议安装到非系统盘，并安装到磁盘的根目录下，然后单击 Next 按钮进入下一步，如图 1.4 所示。

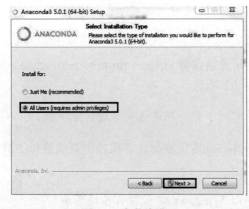

图 1.3　安装步骤 3

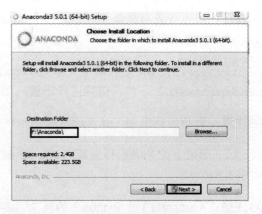

图 1.4　安装步骤 4

（5）在自定义选项中，勾选所有选项，单击 Install 按钮进行安装即可。安装完成后，单击 Next 按钮，再单击 Finish 按钮即可完成安装，如图 1.5 所示。

注意：第一个复选框选项是把 Anaconda 加入环境变量，勾选第二个复选框可以关联一些编辑器。

（6）安装完成后，在"开始"菜单栏中，选择 Anaconda Prompt 命令即可运行 Anaconda 环境，如图 1.6 所示。

图 1.5　安装步骤 5

图 1.6　运行 Anaconda

1.1.2　Anaconda 的使用

Anaconda 其实是一个打包的集合，里面预装好了 conda、某个版本的 Python、众多包及科学计算工具等。对于 Anaconda 的使用，其实就是对 conda 的使用。conda 可以理解为一个工具（或者是可执行的命令），其核心功能为第三方库（包）和环境的管理。

1. 包管理

首先运行 Anaconda，查看 Python 版本，如图 1.7 所示。由于这里安装的是 Anaconda 3，对应的是 Python 3 版本。

通过 conda list 命令可以查看安装的包，部分结果如图 1.8 所示，可以看出，Anaconda 集成了大量的包。

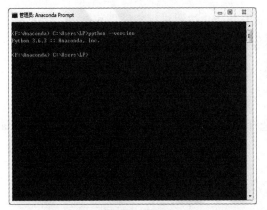

图 1.7　查看 Python 版本

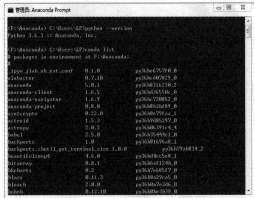

图 1.8　查看包

通过 conda 命令可以进行包的安装和卸载，也可以通过 pip 命令进行包的安装和下载。具体使用方法如下：

```
conda install xxx            #xxx 为包名称
conda remove xxx             #卸载包
pip install xxx
pip uninstall xxx
```

注意：建议使用 conda 命令安装包，在出错的情况下，再考虑使用 pip 命令进行安装。

2. 环境管理

conda 的环境管理功能允许开发者同时安装若干不同版本的 Python。对于不同的项目而言，使用独立稳定的 Python 环境很重要，以下就是安装 Python 环境的 conda 命令。

```
conda create --name xxx python=2    #xxx 为环境名称,创建了 python 版本为 2 的环境
conda create --name xxx python=3    #创建了 python 版本为 3 的环境
conda create --name xxx python=3 anaconda
                         #创建了 python 版本为 3 的环境,并具有 Anaconda 的所有包
```

这里创建一个名为 data-analysis 的 Python 环境，其是用于本书讲解 Python 数据分析的环境。由于数据分析需要 Anaconda 的原生包，这里需在 conda 命令末尾加上 anaconda，如图 1.9 所示。

创建环境成功后，可通过 activate data-analysis 命令进入该环境中，通过 deactivatedata-analysis 命令退出该环境，如图 1.10 所示。

```
activate xxx                 #激活环境
deactivate xxx               #退出环境
```

通过以下命令可以查看 Anaconda 的环境，方便用户进行 Python 环境的管理和使用，如图 1.11 所示。

```
conda info --envs
```

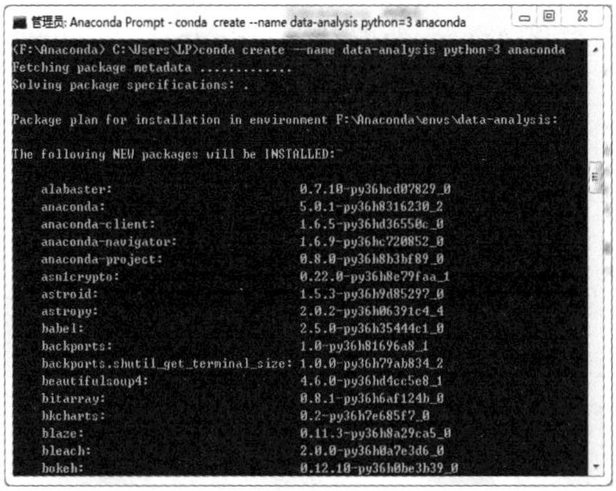

図 1.9　创建 Python 环境　　　　　　図 1.10　激活和退出环境

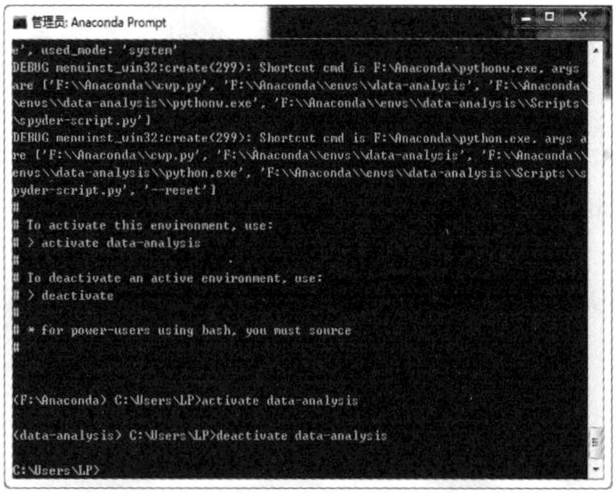

图 1.11　查看环境

对于需要卸载的环境，可以通过以下命令来完成。

```
conda remove --name xxx --all        # 删除一个已有的环境
```

1.2　Jupyter Notebook 的使用

Jupyter Notebook 是一个互动性极好的编辑器，支持运行 Python 语言。本节将介绍 Jupyter Notebook 的使用方法。

1.2.1　更改工作空间

Jupyter Notebook 是一个交互式笔记本，支持多种编程语言。由于其具有较好的操作性和交互性，Python 数据分析常用到该工具。

📢注意：环境中自带 Jupyter Notebook。如果没有使用 Anaconda 环境，可用 pip install jupyter 命令进行安装。

对于编程而言，编写的代码总是希望存储在相应创建好的文件夹中，这样方便代码的管理，读者可通过简单的命令更改工作空间。

📢注意：也可修改配置文件 ipython_notebook_config.py，这里不做介绍。

（1）运行 Anaconda，激活相应的环境，如图 1.12 所示。

（2）通过以下命令切换到工作空间中，如图 1.13 所示。

```
H:
cd H:\python 数据分析\代码
```

图 1.12　激活环境

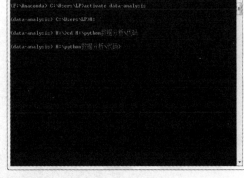
图 1.13　切换工作空间

（3）最后输入 jupyter notebook 并回车，浏览器被弹出，并且会进入 Jupyter Notebook 主界面，如图 1.14 所示。

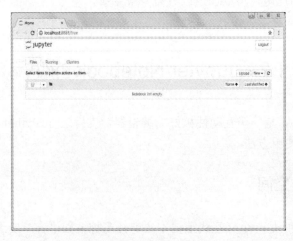
图 1.14　Jupyter 主界面

⌂注意：建议使用 Chrome 浏览器作为计算机的默认浏览器。

1.2.2　界面介绍与使用

在 Jupyter 主界面中，只需选择 New|Python 3 命令，就可以新建一个用于编写 Python 程序的 Notebook 了，如图 1.15 所示。

图 1.15　新建 Notebook

在 Notebook 界面中，可以看到主要由以下几部分构成，如图 1.16 所示。
- Notebook 名称；
- 主工具栏：提供保存、导出、运行等选项；
- 快捷按钮：常用的快捷按钮；
- 代码编辑区域。

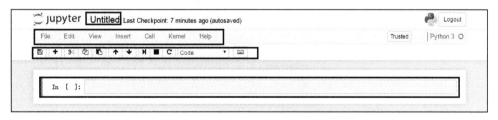

图 1.16　Notebook 界面介绍

⌂注意：本文主要讲解如何在 Notebook 中编写 Python 代码，工具不多做介绍。

代码编辑区域是由代码单元格（code cell）组成，在这种类型的单元格中输入 Python 代码，通过 Shift+Enter 组合键即可运行代码，运行后光标会被移动到一个新单元格中，如图 1.17 所示。

图 1.17　编写 Python 代码

　　Notebook 可修改运行过的代码，通过光标移动到第一个单元格，修改代码后重新运行，这时会发现前面中括号中的数字已变为 3，体现出了极好的互动性和操作性，如图 1.18 所示。

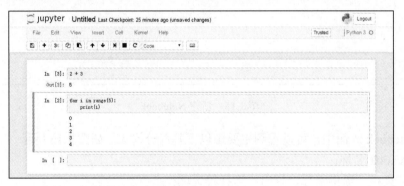

图 1.18　修改代码

　　如图 1.19 所示，在 Notebook 中，也可以通过改变单元格类型来输入文本信息。

图 1.19　写入文本

　　注意：文本格式为 Markdown，读者可自行查阅该语法。

第 2 章　NumPy 入门和实战

NumPy 库是用于科学计算的一个开源 Python 扩充程序库，是其他数据分析包的基础包，它为 Python 提供了高性能数组与矩阵运算处理能力。本章将讲解多维数组的创建及其基本属性、数组的切片和索引方法、数组的运算与存取等内容，最后通过一个综合示例，实现图像的变换功能。

下面给出本章涉及的知识点和学习目标。

- ndarray 数组：学会数组的创建和属性。
- 数组选择：学会数组的切片和索引方法。
- 数组运算：学会数组的各类运算方法和使用。
- 数组存取：完成数组的存储和读取方法。
- 图像变换：了解图像的处理方法。

2.1　ndarray 多维数组

NumPy 库为 Python 带来了真正的 ndarray 多维数组功能。ndarray 对象是一个快速而灵活的数据集容器。本节主要讲解 ndarray 多维数组的创建方法、数组的属性和数组的简单操作等内容。

2.1.1　创建 ndarray 数组

通过 NumPy 库的 array 函数，即可轻松地创建 ndarray 数组。NumPy 库能将序列数据（列表、元组、数组或其他序列类型）转换为 ndarray 数组，如图 2.1 所示。

对于多维数组的创建，使用嵌套序列数据即可完成，如图 2.2 所示。

通常来说，ndarray 是一个通用的同构数据容器，即其中的所有元素都需要是相同的类型。当创建好一个 ndarray 数组时，同时会在内存中存储 ndarray 的 shape 和 dtype。shape 是 ndarray 维度大小的元组，dtype 是解释说明 ndarray 数据类型的对象，如图 2.3 所示。

```
In  [1]:  import numpy as np

In  [2]:  data1 = [5, 7, 9, 20]    #列表
          arr1 = np.array(data1)
          arr1

Out[2]:  array([ 5,  7,  9, 20])

In  [3]:  data2 = (5, 7, 9, 20)    #元组
          arr2 = np.array(data2)
          arr2

Out[3]:  array([ 5,  7,  9, 20])
```

图 2.1　创建 ndarray 数组

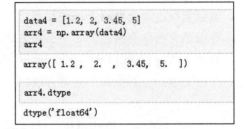

```
data3 = [[1, 2, 3, 4], [5, 6, 7, 8]]   #多维数组
arr3 = np.array(data3)
arr3

array([[1, 2, 3, 4],
       [5, 6, 7, 8]])
```

图 2.2　创建多维数组

从图 2.3 中可以看出，在创建数组时，NumPy 会为新建的数组推断出一个合适的数据类型，并保存在 dtype 对象中，如图 2.4 所示。当序列中有整数和浮点数时，NumPy 会把数组的 dtype 定义为浮点数据类型。

```
arr3.shape

(2, 4)

arr3.dtype

dtype('int32')
```

图 2.3　ndarray 属性

```
data4 = [1.2, 2, 3.45, 5]
arr4 = np.array(data4)
arr4

array([ 1.2 ,  2.  ,  3.45,  5.  ])

arr4.dtype

dtype('float64')
```

图 2.4　dtype 数据类型

💧**注意**：也可以通过显式说明，给数组指定数据类型。

除了可以使用 np.array 创建数组外，NumPy 库还有一些函数可创建一些特殊的数组。下面简单介绍几个常用的数组创建函数。

1. zeros函数

zeros 函数可以创建指定长度或形状的全 0 数组，如图 2.5 所示。

```
np.zeros(8)

array([ 0.,  0.,  0.,  0.,  0.,  0.,  0.,  0.])

np.zeros((3,4))

array([[ 0.,  0.,  0.,  0.],
       [ 0.,  0.,  0.,  0.],
       [ 0.,  0.,  0.,  0.]])
```

图 2.5　全 0 数组

2．ones函数

ones 函数可以创建指定长度或形状的全 1 数组，如图 2.6 所示。

```
np.ones(4)

array([ 1.,  1.,  1.,  1.])

np.ones((4,6))

array([[ 1.,  1.,  1.,  1.,  1.,  1.],
       [ 1.,  1.,  1.,  1.,  1.,  1.],
       [ 1.,  1.,  1.,  1.,  1.,  1.],
       [ 1.,  1.,  1.,  1.,  1.,  1.]])
```

图 2.6　全 1 数组

3．empty函数

empty 函数可以创建一个没有具体值的数组（即垃圾值），如图 2.7 所示。

```
np.empty((2, 2, 2))

array([[[ 8.25089629e-322,  2.39127773e-321],
        [ 2.47032823e-323,  3.90344271e-316]],

       [[ 0.00000000e+000,  2.47032823e-323],
        [ 3.90350911e-316,  0.00000000e+000]]])
```

图 2.7　empty 函数

注意：数据类型基本都是 float64。

4．arange函数

arange 函数类似于 Python 的内置函数 range，但是 arange 函数主要用于创建数组，如图 2.8 所示。

```
np.arange(10)

array([0, 1, 2, 3, 4, 5, 6, 7, 8, 9])
```

图 2.8　arange 函数

更多的数组创建函数，可以参考表 2.1。

表 2.1　数组创建函数

函　　数	使用说明
arange	类似于内置的range函数，用于创建数组
ones	创建指定长度或形状的全1数组
ones_like	以另一个数组为参考，根据其形状和dtype创建全1数组
zeros、zeros_like	类似于ones、ones_like，创建全0数组
empty、empty_like	同上，创建没有具体值的数
eye、identity	创建正方形的$N×N$单位矩阵

这里再介绍下 ones_like 函数的用法，如图 2.9 所示。ones_like 函数可以根据传入的数组形状和 dtype 创建全 1 数组。

```
arr3

array([[1, 2, 3, 4],
       [5, 6, 7, 8]])


arr5 = np.ones_like(arr3)
arr5

array([[1, 1, 1, 1],
       [1, 1, 1, 1]])


arr5.dtype

dtype('int32')
```

图 2.9　ones_like 函数的用法

2.1.2　ndarray 对象属性

NumPy 创建的 ndarray 对象属性，如表 2.2 所示。

表 2.2　ndarray对象属性

属　　性	使用说明
.ndim	秩，即数据轴的个数
.shape	数组的维度
.size	元素的总个数
.dtype	数据类型
.itemsize	数组中每个元素的字节大小

对于 shape 和 dtype 属性在前面已经讲过，这里看下其他属性的使用，如图 2.10 所示。

arr 数组的数据类型是 int32 位的，对于计算机而言，1 个字节是 8 位，所以 arr 的 itemsize 属性值为 4。

```
data = [[2, 4, 5], [3, 5, 7]]
arr = np.array(data)
arr

array([[2, 4, 5],
       [3, 5, 7]])

arr.ndim

2

arr.size

6

arr.itemsize

4

arr.dtype

dtype('int32')
```

图 2.10　数组属性

2.1.3　ndarray 数据类型

由前面内容得知：在创建数组时，NumPy 会为新建的数组推断出一个合适的数据类型。同样，也可以通过 dtype 给创建的数组指定数据类型，如图 2.11 所示。

```
arr1 = np.arange(5)
arr1

array([0, 1, 2, 3, 4])

arr1.dtype

dtype('int32')

arr2 = np.arange(5, dtype='float64')
arr2

array([ 0.,  1.,  2.,  3.,  4.])

arr2.dtype

dtype('float64')
```

图 2.11　指定数据类型

数组的数据类型有很多，读者只需要记住最常见的几种数据类型即可，如浮点数（float）、整数（int）、复数（complex）、布尔值（bool）、字符串（string_）和 Python

对象（object）。

对于创建好的 ndarray，可通过 astype 方法进行数据类型的转换，如图 2.12 所示。

```
arr1 = np.arange(6)
arr1

array([0, 1, 2, 3, 4, 5])

arr1.dtype

dtype('int32')

arr2 = arr1.astype(np.float64)
arr2

array([ 0.,  1.,  2.,  3.,  4.,  5.])

arr2.dtype

dtype('float64')

arr3 = arr1.astype('string_')
arr3

array([b'0', b'1', b'2', b'3', b'4', b'5'],
      dtype='|S11')

arr3.dtype

dtype('S11')
```

图 2.12　astype 方法

🔔 **注意：** np.float64 和'float64'都可以完成操作。

如果将浮点数转换为整数，并不会使用四舍五入的方式来转换，而是元素的小数部分都会被截断，如图 2.13 所示。

如果数组是字符串类型且全是数字的话，也可以通过 astype 方法将其转换为数值类型，如图 2.14 所示。

```
arr = np.array([2.3, 7.5, 5.6, 9.8])
arr

array([ 2.3,  7.5,  5.6,  9.8])

arr.astype('int32')

array([2, 7, 5, 9])
```

图 2.13　浮点数转换为整数

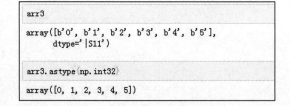

```
arr3

array([b'0', b'1', b'2', b'3', b'4', b'5'],
      dtype='|S11')

arr3.astype(np.int32)

array([0, 1, 2, 3, 4, 5])
```

图 2.14　字符串转换为数值

但如果字符串中有字符时，转换时就会报错，如图 2.15 所示。

astype 方法也可以通过另外一个数组的 dtype 进行转换，如图 2.16 所示。astype 方法会创建一个新的数组，并不会改变原有数组的数据类型，如图 2.17 所示。

```
arr = np.array(['2', 'hello'])
arr
```

```
array(['2', 'hello'],
      dtype='<U5')
```

```
arr.astype('int32')
```

```
ValueError                          Traceback (most recent call last)
<ipython-input-44-849446cb6004> in <module>()
---> 1 arr.astype('int32')

ValueError: invalid literal for int() with base 10: 'hello'
```

图 2.15　转换失败

```
arr1 = np.arange(10)
arr1.dtype
```

```
dtype('int32')
```

```
arr2 = np.ones(5)
arr2.dtype
```

```
dtype('float64')
```

```
arr3 = arr1.astype(arr2.dtype)
arr3.dtype
```

```
dtype('float64')
```

图 2.16　类似转换

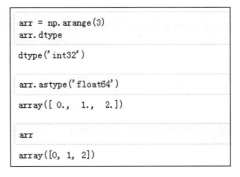

```
arr = np.arange(3)
arr.dtype
```

```
dtype('int32')
```

```
arr.astype('float64')
```

```
array([ 0.,  1.,  2.])
```

```
arr
```

```
array([0, 1, 2])
```

图 2.17　原数组变化情况

2.1.4　数组变换

1. 数组重塑

对于定义好的数组，可以通过 reshape 方法改变其数据维度。传入的参数为新维度的元组，如图 2.18 所示。

多维数组也可以被重塑，如图 2.19 所示。

```
arr = np.arange(9)
arr
```

```
array([0, 1, 2, 3, 4, 5, 6, 7, 8])
```

```
arr.reshape((3,3))
```

```
array([[0, 1, 2],
       [3, 4, 5],
       [6, 7, 8]])
```

图 2.18　数组重塑 1

```
arr = np.array([[3, 4, 5], [1, 2, 3]])
arr.reshape((3,2))
```

```
array([[3, 4],
       [5, 1],
       [2, 3]])
```

图 2.19　数组重塑 2

reshape 的参数中的一维参数可以设置为-1，表示数组的维度可以通过数据本身来推断，如图 2.20 所示。

与 reshape 相反的方法是数据散开（ravel）数据或扁平化（flatten），如图 2.21 和图 2.22 所示。

🔔 **注意**：数据重塑不会改变原数组。

```
arr = np.arange(12)
arr.reshape((3,-1))

array([[ 0,  1,  2,  3],
       [ 4,  5,  6,  7],
       [ 8,  9, 10, 11]])
```

图 2.20　数组重塑 3

```
arr = np.arange(10).reshape((5,2))
arr

array([[0, 1],
       [2, 3],
       [4, 5],
       [6, 7],
       [8, 9]])

arr.ravel()

array([0, 1, 2, 3, 4, 5, 6, 7, 8, 9])

arr

array([[0, 1],
       [2, 3],
       [4, 5],
       [6, 7],
       [8, 9]])
```

图 2.21　数据散开

```
arr.flatten()

array([0, 1, 2, 3, 4, 5, 6, 7, 8, 9])

arr

array([[0, 1],
       [2, 3],
       [4, 5],
       [6, 7],
       [8, 9]])
```

图 2.22　数据扁平化

2. 数组合并

数组合并用于几个数组间的操作，concatenate 方法通过指定轴方向，将多个数组合并在一起，如图 2.23 所示。

```
arr1 = np.arange(12).reshape(3,4)
arr1

array([[ 0,  1,  2,  3],
       [ 4,  5,  6,  7],
       [ 8,  9, 10, 11]])

arr2 = np.arange(12,24).reshape(3,4)
arr2

array([[12, 13, 14, 15],
       [16, 17, 18, 19],
       [20, 21, 22, 23]])

np.concatenate([arr1, arr2], axis=0)

array([[ 0,  1,  2,  3],
       [ 4,  5,  6,  7],
       [ 8,  9, 10, 11],
       [12, 13, 14, 15],
       [16, 17, 18, 19],
       [20, 21, 22, 23]])

np.concatenate([arr1, arr2], axis=1)

array([[ 0,  1,  2,  3, 12, 13, 14, 15],
       [ 4,  5,  6,  7, 16, 17, 18, 19],
       [ 8,  9, 10, 11, 20, 21, 22, 23]])
```

图 2.23　数组合并 1

🔔**注意：**关于轴向的内容，将在数组索引中进行讲解。

此外，NumPy 中提供了几个比较简单易懂的方法，也可以进行数组合并，如 vstack 和 hstack，如图 2.24 所示。

```
np.vstack((arr1,arr2))

array([[ 0,  1,  2,  3],
       [ 4,  5,  6,  7],
       [ 8,  9, 10, 11],
       [12, 13, 14, 15],
       [16, 17, 18, 19],
       [20, 21, 22, 23]])

np.hstack((arr1, arr2))

array([[ 0,  1,  2,  3, 12, 13, 14, 15],
       [ 4,  5,  6,  7, 16, 17, 18, 19],
       [ 8,  9, 10, 11, 20, 21, 22, 23]])
```

图 2.24　数组合并 2

3．数组拆分

数组拆分是数组合并的相反操作，通过 split 方法可以将数组拆分为多个数组，如图 2.25 所示。

```
arr = np.arange(12).reshape((6,2))
arr

array([[ 0,  1],
       [ 2,  3],
       [ 4,  5],
       [ 6,  7],
       [ 8,  9],
       [10, 11]])

np.split(arr,[2, 4])

[array([[0, 1],
        [2, 3]]), array([[4, 5],
        [6, 7]]), array([[ 8,  9],
        [10, 11]])]
```

图 2.25　数组拆分

4．数组转置和轴对换

转置是数组重塑的一种特殊形式，可以通过 transpose 方法进行转置。transpose 方法 需要传入轴编号组成的元组，这样就完成了数组的转置，如图 2.26 所示。

除了使用 transpose 方法外，数组有着 T 属性，可用于数组的转置，如图 2.27 所示。

```
arr = np.arange(12).reshape(3,4)
arr

array([[ 0,  1,  2,  3],
       [ 4,  5,  6,  7],
       [ 8,  9, 10, 11]])

arr.transpose((1,0))

array([[ 0,  4,  8],
       [ 1,  5,  9],
       [ 2,  6, 10],
       [ 3,  7, 11]])
```

图 2.26　数组转置 1

```
arr.T

array([[ 0,  4,  8],
       [ 1,  5,  9],
       [ 2,  6, 10],
       [ 3,  7, 11]])
```

图 2.27　数组转置 2

ndarray 的 swapaxes 方法用于轴对换，如图 2.28 所示。

```
arr = np.arange(16).reshape((2, 2, 4))
arr

array([[[ 0,  1,  2,  3],
        [ 4,  5,  6,  7]],

       [[ 8,  9, 10, 11],
        [12, 13, 14, 15]]])

arr.swapaxes(1, 2)

array([[[ 0,  4],
        [ 1,  5],
        [ 2,  6],
        [ 3,  7]],

       [[ 8, 12],
        [ 9, 13],
        [10, 14],
        [11, 15]]])
```

图 2.28　轴对换

2.1.5　NumPy 的随机数函数

在 numpy.random 模块中，提供了多种随机数生成函数。例如，可以通过 randint 函数生成整数随机数，如图 2.29 所示。

random 模块中还提供了一些概率分布的样本值函数，如 randn 函数，例如，生成平均数为 0，标准差为 1 的正态分布的随机数，如图 2.30 所示。

```
arr = np.random.randint(100, 200, size=(5, 4))
arr

array([[168, 180, 142, 134],
       [100, 106, 107, 147],
       [125, 170, 117, 192],
       [194, 172, 173, 102],
       [171, 171, 193, 180]])
```

图 2.29　randint 函数

```
arr = np.random.randn(2, 3, 5)
arr

array([[[-0.23022075, -1.53376604, -1.20506611, -0.72058013,  1.69808677],
        [-1.62102742, -1.1053548 ,  0.76182009, -1.24876097, -1.55001938],
        [ 0.04078704,  1.96669076, -2.24999391, -1.08302149,  0.52640131]],

       [[ 0.09381983,  1.16288913, -0.15885707,  0.93718335, -0.72444705],
        [-1.68017525, -0.18660456,  0.01881962,  0.16711124, -1.60857221],
        [ 0.93210884, -0.26899384, -0.35037258, -0.404521  ,  1.07034161]]])
```

图 2.30　randn 函数

通过 normal 函数生成指定均值和标准差的正态分布的数组，如图 2.31 所示。

```
arr = np.random.normal(4, 5, size=(3,5))
arr

array([[  8.29188165,  -6.11855239,  -1.5724349 ,   6.97515202,
          3.83049015],
       [  2.23989149,   7.81287044, -10.01907046,   3.68896253,
          3.01140917],
       [ 10.68983039,   7.63279875,  10.70678635,   2.66406148,
          3.76512045]])
```

图 2.31　normal 函数

表 2.3 中列出了部分 numpy.random 模块中的随机数函数。

表 2.3　numpy.random模块中的随机数函数

函　　数	使用说明
rand	产生均匀分布的样本值
randint	给定范围内取随机整数
randn	产生正态分布的样本值
seed	随机数种子
permutation	对一个序列随机排序，不改变原数组
shuffle	对一个序列随机排序，改变原数组
uniform(low,high,size)	产生具有均匀分布的数组，low表示起始值，high表示结束值，size表示形状

（续）

函　　数	使用说明
normal(loc,scale,size)	产生具有正态分布的数组，loc表示均值，scale表示标准差
poisson(lam,size)	产生具有泊松分布的数组，lam表示随机事件发生率

最后来看看 permutation 和 shuffle 函数的用法，如图 2.32 和图 2.33 所示。

```
arr = np.random.randint(100, 200, size=(5, 4))
arr

array([[147, 122, 130, 169],
       [151, 152, 117, 119],
       [129, 140, 111, 131],
       [197, 126, 176, 199],
       [128, 174, 117, 143]])

np.random.permutation(arr)

array([[151, 152, 117, 119],
       [197, 126, 176, 199],
       [128, 174, 117, 143],
       [147, 122, 130, 169],
       [129, 140, 111, 131]])

arr

array([[147, 122, 130, 169],
       [151, 152, 117, 119],
       [129, 140, 111, 131],
       [197, 126, 176, 199],
       [128, 174, 117, 143]])
```

图 2.32　permutation 函数

```
arr = np.random.randint(100, 200, size=(5, 4))
arr

array([[196, 140, 199, 182],
       [161, 109, 193, 176],
       [102, 138, 165, 166],
       [191, 181, 108, 113],
       [168, 102, 199, 150]])

np.random.shuffle(arr)

arr

array([[168, 102, 199, 150],
       [191, 181, 108, 113],
       [102, 138, 165, 166],
       [161, 109, 193, 176],
       [196, 140, 199, 182]])
```

图 2.33　shuffle 函数

2.2　数组的索引和切片

在数据分析中常需要选取符合条件的数据，本节将主要讲解数组的索引和切片方法，并学会数组的灵活选择。

2.2.1　数组的索引

一维数组的索引类似 Python 列表，如图 2.34 所示。

```
import numpy as np

arr = np.arange(10)
arr

array([0, 1, 2, 3, 4, 5, 6, 7, 8, 9])

arr[3]

3

arr[-1]

9

arr[2] = 123
arr

array([  0,   1, 123,   3,   4,   5,   6,   7,   8,   9])
```

图 2.34　数组索引 1

从代码中可以看出，数组的切片返回的是原始数组的视图。简单地说，视图就是原始数组的表现形式，切片操作并不会产生新数据，这就意味着在视图上的操作都会使原数组发生改变，如图 2.35 所示。

```
arr

array([  0,   1, 123,   3,   4,   5,   6,   7,   8,   9])

arr[3] = 88
arr

array([  0,   1, 123,  88,   4,   5,   6,   7,   8,   9])

arr1 = arr[-3:-1]
arr1

array([7, 8])

arr1[:] = 77
arr

array([  0,   1, 123,  88,   4,   5,   6,  77,  77,   9])
```

图 2.35　数组索引 2

📖 注意：数组的切片和索引返回都是原始数组的视图。

如果需要的并非视图而是要复制数据，则可以通过 copy 方法来实现，如图 2.36 所示。

```
arr
array([  0,   1, 123, 88,   4,   5,   6, 77, 77,   9])

arr1 = arr[1].copy()
arr1 = 34
arr
array([  0,   1, 123, 88,   4,   5,   6, 77, 77,   9])
```

图 2.36　数组索引 3

对于二维数组，可在单个或多个轴向上完成切片，也可以跟整数索引一起混合使用，如图 2.37 所示。

```
arr = np.arange(15).reshape(3, 5)
arr
array([[ 0,  1,  2,  3,  4],
       [ 5,  6,  7,  8,  9],
       [10, 11, 12, 13, 14]])

arr[0]
array([0, 1, 2, 3, 4])

arr[2]
array([10, 11, 12, 13, 14])
```

图 2.37　二维数组索引 1

如果需要获取各个元素，可通过以下办法，如图 2.38 所示。

```
arr
array([[ 0,  1,  2,  3,  4],
       [ 5,  6,  7,  8,  9],
       [10, 11, 12, 13, 14]])

arr[0][3]

3

arr[2,3]   #两种方法等价

13
```

图 2.38　二维数组索引 2

如果读者觉得代码不直观的话，可通过图 2.39 来理解轴的概念和二维数组的索引方式。在高维数组中，如果省略后面的索引，则会返回低一个维度的数组，如图 2.40 所示。

图 2.39　二维数组索引方式

图 2.40　高维数组索引 1

标量值和数组都可以复制给 arr[0]，如图 2.41 所示。

同样，类似于二维数组的切片，也可以索引到想要的部分元素或单个元素，如图 2.42 所示。

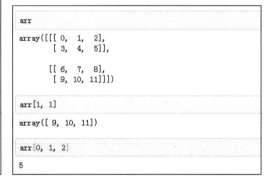

图 2.41　高维数组索引 2

图 2.42　高维数组索引 3

2.2.2　数组的切片

一维数组的切片同样类似于 Python 列表，如图 2.43 所示。

多维数组的切片是按照轴方向进行的，当在中括号中输入一个参数时，数组就会按照 0 轴（也就是第一轴）方向进行切片，如图 2.44 所示。

```
arr = np.arange(6)
arr
```

```
array([0, 1, 2, 3, 4, 5])
```

```
arr[2:5]
```

```
array([2, 3, 4])
```

图 2.43　一维数组切片

```
arr = np.arange(12).reshape(4,3)
arr
```

```
array([[ 0,  1,  2],
       [ 3,  4,  5],
       [ 6,  7,  8],
       [ 9, 10, 11]])
```

```
arr[2:]
```

```
array([[ 6,  7,  8],
       [ 9, 10, 11]])
```

图 2.44　多维数组索引 1

通过传入多个参数（可以是整数索引和切片），即可完成任意数据的获取，如图 2.45 所示。

```
arr
```

```
array([[ 0,  1,  2],
       [ 3,  4,  5],
       [ 6,  7,  8],
       [ 9, 10, 11]])
```

```
arr[:, 1]
```

```
array([ 1,  4,  7, 10])
```

```
arr[:, 1:2]
```

```
array([[ 1],
       [ 4],
       [ 7],
       [10]])
```

```
arr[2:, 1:]
```

```
array([[ 7,  8],
       [10, 11]])
```

图 2.45　多维数组索引 2

📖注意：只有使用冒号才会选取整个轴。

2.2.3　布尔型索引

首先创建两个数组，如图 2.46 所示。

如果每个水果对应于 datas 数组中的每一行，我们要取出 'pear' 对应的 datas 的行，这时就需要用到布尔选择器，如图 2.47 所示。

```
fruits = np.array(['apple', 'banana', 'pear', 'banana', 'pear', 'apple', 'pear'])
datas = np.random.randint(-1, 1, size=(7,5))

fruits

array(['apple', 'banana', 'pear', 'banana', 'pear', 'apple', 'pear'],
      dtype='<U6')

datas

array([[ 0, -1, -1,  0, -1],
       [ 0, -1,  0, -1,  0],
       [-1, -1, -1, -1, -1],
       [-1, -1, -1, -1,  0],
       [-1,  0,  0, -1,  0],
       [-1,  0, -1,  0,  0],
       [-1, -1, -1,  0,  0]])
```

图 2.46　数组情况

```
fruits == 'pear'

array([False, False,  True, False,  True, False,  True], dtype=bool)

datas[fruits == 'pear']

array([[-1,  0, -1, -1,  0],
       [ 0,  0,  0,  0, -1],
       [ 0,  0, -1,  0, -1]])
```

图 2.47　布尔型索引 1

注意：布尔型数组的长度必须和被索引的轴长度一致。

　　既然可以使用布尔选择，那么也同样适用于不等号（！=）、负号（-）、和（&）、或（|），如图 2.48 所示。

```
datas[fruits != 'pear']

array([[ 0, -1,  0,  0, -1],
       [-1, -1,  0,  0, -1],
       [-1,  0,  0, -1,  0],
       [-1, -1,  0,  0,  0]])

datas[(fruits == 'apple') | (fruits == 'banana')]

array([[ 0, -1,  0,  0, -1],
       [-1, -1,  0,  0, -1],
       [-1,  0,  0, -1,  0],
       [-1, -1,  0,  0,  0]])
```

图 2.48　布尔型索引 2

此外，布尔数组也可以结合切片和索引来使用，如图 2.49 所示。

通过以下代码可以完成 datas 数组中的 0 值替换为 1 值，如图 2.50 所示。

```
datas[fruits == 'pear',2:]
array([[-1, -1,  0],
       [ 0,  0, -1],
       [-1,  0, -1]])

datas[fruits == 'pear',2]
array([-1,  0, -1])
```

图 2.49　布尔型索引 3

```
datas[datas == 0] = 1
datas
array([[ 1, -1,  1,  1, -1],
       [-1, -1,  1,  1, -1],
       [-1,  1, -1, -1,  1],
       [-1,  1,  1, -1,  1],
       [ 1,  1,  1,  1, -1],
       [-1, -1,  1,  1,  1],
       [ 1,  1, -1,  1, -1]])
```

图 2.50　布尔型索引 4

2.2.4　花式索引

花式索引是 NumPy 中的术语，它可以通过整数列表或数组进行索引，如图 2.51 所示。也可以使用 np.ix_ 函数完成同样的操作，如图 2.52 所示。

```
arr[[1, 3, 2]]
array([[ 3,  4,  5],
       [ 9, 10, 11],
       [ 6,  7,  8]])

arr[[3, 2]][:, [2, 1]]
array([[11, 10],
       [ 8,  7]])
```

图 2.51　花式索引 1

```
arr[np.ix_([3,2],[2, 1])]
array([[11, 10],
       [ 8,  7]])
```

图 2.52　花式索引 2

2.3　数组的运算

数组的运算支持向量化运算，将本来需要在 Python 级别进行的循环，放到 C 语言的运算中，明显地提高了程序的运算速度。本节将讲解数组的各种运算方法。

2.3.1　数组和标量间的运算

数组之所以很强大而且重要的原因，是其不需要通过循环就可以完成批量计算，也就是矢量化，如图 2.53 所示。相同维度的数组的算术运算都可以直接应用到元素中，也就是元素级运算，如图 2.54 所示。

```
a = [1, 2, 3]
b = []
for i in a:
    b.append(i * 10)
b

[10, 20, 30]

arr = np.array([1, 2, 3])
arr * 10

array([10, 20, 30])
```

```
arr * arr

array([1, 4, 9])

arr - arr

array([0, 0, 0])
```

图 2.53　矢量化　　　　　　　　　　　图 2.54　元素级运算

2.3.2　通用函数

通用函数（ufunc）是一种对数组中的数据执行元素级运算的函数，用法也很简单。例如，通过 abs 函数求绝对值，square 函数求平方，如图 2.55 所示。

```
arr = np.random.randn(3,3)
arr

array([[-1.30289625, -1.62082859, -0.02086977],
       [ 0.61681656,  1.44215576,  1.7281482 ],
       [-0.96761142,  0.6475979 , -0.57524988]])

np.abs(arr)

array([[ 1.30289625,  1.62082859,  0.02086977],
       [ 0.61681656,  1.44215576,  1.7281482 ],
       [ 0.96761142,  0.6475979 ,  0.57524988]])

np.square(arr)

array([[ 1.69753863e+00,  2.62708531e+00,  4.35547217e-04],
       [ 3.80462668e-01,  2.07981323e+00,  2.98649619e+00],
       [ 9.36271853e-01,  4.19383043e-01,  3.30912420e-01]])
```

图 2.55　通用函数 1

以上函数都是传入一个数组，所以这些函数都是一元函数。有一些函数需要传入两个数组并返回一个数组，这些函数被称为二元函数。例如，add 函数用于两个数组的相加，minimum 函数可以计算元素最小值，如图 2.56 所示。

有些通用函数还可以返回两个数组，例如 modf 函数，可以返回数组元素的小数和整数部分，如图 2.57 所示。

⌂注意：更多通用函数的用法，可以去 NumPy 官网 http://www.numpy.org/查阅。

```
arr1 = np.random.randint(1, 10, size=(5))
arr1

array([5, 2, 9, 4, 1])

arr2 = np.random.randint(1, 10, size=(5))
arr2

array([7, 6, 9, 1, 3])

np.add(arr1, arr2)

array([12,  8, 18,  5,  4])

np.minimum(arr1, arr2)

array([5, 2, 9, 1, 1])
```

图 2.56　通用函数 2

```
arr = np.random.normal(2, 4, size=(6,))
arr

array([ 4.03156633,  2.24471147, -1.05295999,  3.17361538,  9.45900887,
        2.48014303])

np.modf(arr)

(array([ 0.03156633,  0.24471147, -0.05295999,  0.17361538,  0.45900887,
         0.48014303]), array([ 4.,  2., -1.,  3.,  9.,  2.]))
```

图 2.57　通用函数 3

2.3.3　条件逻辑运算

首先创建 3 个数组，如图 2.58 所示。

```
arr1 = np.array([1, 2, 3, 4])
arr2 = np.array([5, 6, 7, 8])
cond = np.array([True, False, False, True])
```

图 2.58　创建数组

如果需要通过 cond 的值来选取 arr1 和 arr2 的值，当 cond 为 True 时，选择 arr1 的值，否则选择 arr2 的值，那么可以通过 if 语句判断来实现，如图 2.59 所示。

```
result = [(x if c else y) for x, y, c in zip(arr1, arr2, cond)]
result

[1, 6, 7, 4]
```

图 2.59　条件逻辑

但这种方法存在两个问题：第一，对大规模数组处理速度不是很快；第二，无法用于多维数组。若使用 NumPy 的 where 函数则可以解决这两个问题，如图 2.60 所示。

```
result = np.where(cond, arr1, arr2)
result

array([1, 6, 7, 4])
```

图 2.60　where 函数 1

where 函数中的第二个和第三个参数可以为标量。在数据分析中，经常需要通过一些条件将数组进行处理。例如，新建一个随机符合正态分布的数组，通过数据处理将正值替换为 1，负值替换为-1，如图 2.61 所示。

```
arr = np.random.randn(4, 4)
arr

array([[ 0.99483299, -0.42559031,  0.60728194, -0.28477079],
       [-0.47341549, -1.03284446, -1.24692688, -0.7168212 ],
       [-0.2463296 ,  0.9006737 , -0.8362647 ,  0.28860023],
       [ 0.24025673, -1.14644973,  0.84133157, -0.00742223]])

new_arr = np.where(arr > 0, 1, -1)
new_arr

array([[ 1, -1,  1, -1],
       [-1, -1, -1, -1],
       [-1,  1, -1,  1],
       [ 1, -1,  1, -1]])
```

图 2.61　where 函数 2

使用 elif 函数可以进行多条件的判别。np.where 函数通过嵌套的 where 表达式也可以完成同样的功能，如图 2.62 所示。

```
arr = np.random.randint(1, 300, size=(3,3))
arr

array([[177, 177,  99],
       [238, 233, 131],
       [125, 288,   5]])

new_arr = np.where(arr > 200, 3,
                   np.where(arr > 100, 2, 1))
new_arr

array([[2, 2, 1],
       [3, 3, 2],
       [2, 3, 1]])
```

图 2.62　where 函数 3

2.3.4　统计运算

NumPy 库支持对整个数组或按指定轴向的数据进行统计计算。例如，sum 函数用于求和；mean 函数用于求算术平均数；std 函数用于求标准差，如图 2.63 所示。

```
arr = np.random.randn(4, 4)
arr

array([[-0.2460958 , -3.56262609,  2.28878812, -0.66155659],
       [-0.32224876, -0.62264566,  0.0759868 , -0.50014849],
       [ 0.38841614,  0.2260369 , -0.61771424,  0.00538855],
       [-0.29865896,  0.51231692,  0.48119231,  0.06256321]])
```

```
arr.sum()
```
```
-2.791005624657537
```

```
arr.mean()
```
```
-0.17443785154109606
```

```
arr.std()
```
```
1.1141240674492316
```

图 2.63　统计计算 1

上面的这些函数也可以传入 axis 参数，用于计算指定轴方向的统计值，如图 2.64 所示。

```
arr
```
```
array([[-0.2460958 , -3.56262609,  2.28878812, -0.66155659],
       [-0.32224876, -0.62264566,  0.0759868 , -0.50014849],
       [ 0.38841614,  0.2260369 , -0.61771424,  0.00538855],
       [-0.29865896,  0.51231692,  0.48119231,  0.06256321]])
```

```
arr.mean(axis=1)
```
```
array([ -5.45372587e-01,  -3.42264027e-01,   5.31836566e-04,
         1.89353371e-01])
```

```
arr.sum(0)
```
```
array([-0.47858738, -3.44691793,  2.228253  , -1.09375332])
```

图 2.64　指定轴方向

cumsum 和 cumpod 方法会产生计算结果组成的数组，如图 2.65 所示。

```
arr = np.arange(9).reshape(3,3)
arr

array([[0, 1, 2],
       [3, 4, 5],
       [6, 7, 8]])

arr.cumsum(0)

array([[ 0,  1,  2],
       [ 3,  5,  7],
       [ 9, 12, 15]], dtype=int32)

arr.cumprod(1)

array([[  0,   0,   0],
       [  3,  12,  60],
       [  6,  42, 336]], dtype=int32)
```

图 2.65　统计计算 2

基本数组的统计方法如表 2.4 所示。

表 2.4　基本数组统计方法

方　　法	使用说明
sum	求和
mean	算术平均数
std、var	标准差和方差
min、max	最小值和最大值
argmin、argmax	最小和最大元素的索引
cumsum	所有元素的累计和
cumprod	所有元素的累计积

2.3.5　布尔型数组运算

对于布尔型数组，其布尔值会被强制转换为 1（True）和 0（False），如图 2.66 所示。

```
arr = np.random.randn(20)
arr

array([ 0.64854453, -1.02444099,  1.18506546,  1.0588872 , -1.67297679,
        1.11245385, -1.47720606,  0.67531455,  0.10707936,  1.60181681,
       -0.09663766,  0.13821122,  2.08949018, -0.85208144, -1.01504574,
       -1.01749498,  0.42782922, -0.83512655,  0.20623175, -0.23411408])

(arr > 0).sum()

11
```

图 2.66　布尔型数组计算 1

另外，还有两个方法 any 和 all 也可以用于布尔型数组运算。any 方法用于测试数组中是否存在一个或多个 True；all 方法用于检查数组中的所有值是否为 True，如图 2.67 所示。

```
arr = np.array([True, False, False, True])
arr

array([ True, False, False,  True], dtype=bool)

arr.any()

True

arr.all()

False
```

图 2.67　布尔型数组计算 2

2.3.6　排序

与 Python 列表类似，NumPy 数组也可以通过 sort 方法进行排序，如图 2.68 所示。

```
arr = np.random.randn(10)
arr

array([-0.06763165,  0.70670621, -2.28090762,  0.61654106,  0.35562341,
        0.57962632,  0.09817634,  1.52590085,  0.24640778, -0.69223728])

arr.sort()
arr

array([-2.28090762, -0.69223728, -0.06763165,  0.09817634,  0.24640778,
        0.35562341,  0.57962632,  0.61654106,  0.70670621,  1.52590085])
```

图 2.68　排序

对于多维数组，可以通过指定轴方向进行排序，如图 2.69 所示。

```
arr = np.random.randn(5, 3)
arr

array([[ 0.76464658,  1.03958729,  0.83151511],
       [ 1.63188956, -0.62708685,  0.05175314],
       [ 0.85665906, -0.24305887,  1.30020042],
       [ 2.00108815, -1.49244044, -0.06771401],
       [ 0.26482398, -1.42061605, -1.0372988 ]])

arr.sort(1)
arr

array([[ 0.76464658,  0.83151511,  1.03958729],
       [-0.62708685,  0.05175314,  1.63188956],
       [-0.24305887,  0.85665906,  1.30020042],
       [-1.49244044, -0.06771401,  2.00108815],
       [-1.42061605, -1.0372988 ,  0.26482398]])
```

图 2.69　按轴排序

2.3.7　集合运算

NumPy 库中提供了针对一维数组的基本集合运算。在数据分析中，常使用 np.unique 方法来找出数组中的唯一值，如图 2.70 所示。

```
fruits = np.array(['apple', 'banana', 'pear', 'banana', 'pear', 'apple', 'pear'])
fruits

array(['apple', 'banana', 'pear', 'banana', 'pear', 'apple', 'pear'],
      dtype='<U6')

np.unique(fruits)

array(['apple', 'banana', 'pear'],
      dtype='<U6')

arr = np.array([2, 3, 3, 2, 8, 1])
arr

array([2, 3, 3, 2, 8, 1])

np.unique(arr)

array([1, 2, 3, 8])
```

图 2.70　找出唯一值

🔔注意：对唯一值进行了排序。

np.in1d 方法用于测试几个数组中是否包含相同的值，返回一个布尔值数组，如图 2.71 所示。

```
arr = np.array([2, 3, 5, 7])
arr

array([2, 3, 5, 7])

np.in1d(arr, [2,7])

array([ True, False, False,  True], dtype=bool)
```

图 2.71　包含运算

数组的集合运算如表 2.5 所示。

表 2.5　集合运算

方　　法	使用说明
unique(x)	唯一值
intersect1d(x,y)	公共元素
union1d(x,y)	并集
in1d(x,y)	x 的元素是否在 y 中，返回布尔型数组
setdiff1d(x,y)	集合的差
setxor1d(x,y)	交集取反

2.3.8　线性代数

前面讲过数组的运算是元素级的，数组相乘的结果是各对应元素的积组成的数组。而对于矩阵而言，需要求的是点积，这里 NumPy 库提供了用于矩阵乘法的 dot 函数，如图 2.72 所示。

对于更多的矩阵计算，可通过 NumPy 库的 linalg 模块来完成，如图 2.73 所示为计算矩阵的行列式。

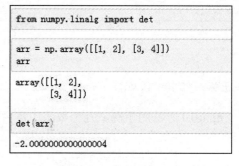

```
arr1 = np.array([[1, 2, 3], [4, 5, 6]])
arr1

array([[1, 2, 3],
       [4, 5, 6]])

arr2 = np.arange(9).reshape(3,3)
arr2

array([[0, 1, 2],
       [3, 4, 5],
       [6, 7, 8]])

np.dot(arr1, arr2)

array([[24, 30, 36],
       [51, 66, 81]])
```

```
from numpy.linalg import det

arr = np.array([[1, 2], [3, 4]])
arr

array([[1, 2],
       [3, 4]])

det(arr)

-2.0000000000000004
```

图 2.72　矩阵点积　　　　　　　图 2.73　矩阵行列式计算

🔔**注意**：更多的矩阵运算说明可查看 linalg 帮助。

2.4　数组的存取

已经处理好的数组数据需要进行存储，而存储的数据也需要读取使用。本节将介绍数组的存储与读取的方法。

2.4.1　数组的存储

通过 np.savetxt 方法可以对数组进行存储，具体实现如图 2.74 所示。

```
arr = np.arange(12).reshape(4,3)
arr

array([[ 0,  1,  2],
       [ 3,  4,  5],
       [ 6,  7,  8],
       [ 9, 10, 11]])

np.savetxt('ch2ex1.csv', arr, fmt='%d',delimiter=',')

!type ch2ex1.csv

0,1,2
3,4,5
6,7,8
9,10,11
```

图 2.74　数组存储

2.4.2　数组的读取

对于存储的文件，可以通过 np.loadtxt 方法进行读取，并将其加载到一个数组中，如图 2.75 所示。

```
arr = np.loadtxt('ch2ex1.csv', delimiter=',')
arr

array([[ 0.,  1.,  2.],
       [ 3.,  4.,  5.],
       [ 6.,  7.,  8.],
       [ 9., 10., 11.]])
```

图 2.75　数据读取

2.5　综合示例——图像变换

图像一般采用的是 RGB 色彩模式，即每个像素点的颜色由 R（红）、G（绿）、B（蓝）

组成。通过三种颜色的叠加可以得到各种颜色，每个颜色的取值范围为 0～255。Python 中的 PIL 库是一个处理图像的第三方库，通过如图 2.77 所示的代码可以把如图 2.76 所示的图片转换为数组格式。

图 2.76　图片

```
from PIL import Image
import numpy as np

im = np.array(Image.open('C:/Users/LP/Desktop/2.76.jpeg'))
print(im.shape, im.dtype)

(350, 583, 3) uint8

im

array([[[226, 226, 226],
        [226, 226, 226],
        [226, 226, 226],
        ...,
        [198, 198, 198],
        [197, 197, 197],
        [196, 196, 196]],

       [[226, 226, 226],
```

图 2.77　图像转数组

通过图中的代码可以看出，图像转换成三维数组后，维度分别为宽度、长度和 RGB 值。

注意：在 Anaconda 中已经默认安装了 PIL 库，库名为 pillow。

　　转换为数组后,可进行数组运算,运算完成后将其保存为新图像就完成了图像的变换,如图 2.78 和图 2.79 所示。

```
b = [255, 255, 255] - im    #数组运算
new_im = Image.fromarray(b.astype('uint8'))
new_im.save('C:/Users/LP/Desktop/2.79.jpeg')    #保存为新图像
```

图 2.78　图像变换

图 2.79　变换图片

第3章 pandas 入门和实战

由于DataFrame数据结构为二维表格结构，这使得pandas库成为数据分析的"主力军"。本章将讲解 pandas 库中两种基础数据结构的创建和使用方法及 DataFrame 的选取和操作，带领读者掌握其算术运算与函数的使用，最后再结合一个综合示例，介绍数据分析流程和 pandas 的可视化。

下面给出本章涉及的知识点和学习目标。

- pandas 数据结构：学会 Series 和 DataFrame 的创建。
- 索引操作：学会两种数据结构的索引方法和数据选取。
- 数据运算：学会两种数据的运算和函数应用。
- 层次化索引：学会创建和使用层次化索引。
- pandas 可视化：学会利用 pandas 绘制各种基本图形。

3.1 pandas 数据结构

pandas 有两个基本的数据结构：Series 和 DataFrame。本节主要讲解这两个数据结构的创建和基本使用。

3.1.1 创建 Series 数据

Series 数据结构类似于一维数组，但它是由一组数据（各种 Numpy 数据类型）和一组对应的索引组成。通过一组列表数据即可产生最简单的 Series 数据，如图 3.1 所示。

```
from pandas import Series,DataFrame
import pandas as pd

obj = Series([1, -2, 3, -4])
obj

0    1
1   -2
2    3
3   -4
dtype: int64
```

图 3.1 创建 Series 数据 1

Series 数据：索引在左边，值在右边。可以看出，如果没有指定一组数据作为索引的话，Series 数据会以 0 到 N-1（N 为数据的长度）作为索引，也可以通过指定索引的方式来创建 Series 数据，如图 3.2 所示。

```
obj2 = Series([1, -2, 3, -4], index=['a', 'b', 'c', 'd'])
obj2

a    1
b   -2
c    3
d   -4
dtype: int64
```

图 3.2　创建 Series 数据 2

Series 有 values 和 index 属性，可返还值数据的数组形式和索引对象，如图 3.3 所示。

```
obj2.values

array([ 1, -2,  3, -4], dtype=int64)

obj2.index

Index(['a', 'b', 'c', 'd'], dtype='object')
```

图 3.3　Series 属性

Series 与普通的一维数组相比，其具有索引对象，可通过索引来获取 Series 的单个或一组值，如图 3.4 所示。

```
obj2['b']

-2

obj2['c'] = 23
obj2[['c', 'd']]

c    23
d   -4
dtype: int64
```

图 3.4　Series 索引

Series 运算都会保留索引和值之间的链接，如图 3.5 所示。

Series 数据中的索引和值一一对应，类似于 Python 字典数据，所以也可以通过字典数据来创建 Series，如图 3.6 所示。

```
obj2

a    1
b   -2
c   23
d   -4
dtype: int64
```

```
obj2[obj2 < 0]

b   -2
d   -4
dtype: int64
```

```
obj2 * 2

a    2
b   -4
c   46
d   -8
dtype: int64
```

```
import numpy as np
```

```
np.abs(obj2)

a    1
b    2
c   23
d    4
dtype: int64
```

图 3.5　Series 运算

```
data = {
    '张三':92,
    '李四':78,
    '王五':68,
    '小明':82
}
```

```
obj3 = Series(data)
obj3

小明   82
张三   92
李四   78
王五   68
dtype: int64
```

图 3.6　创建 Series 数据 3

由于字典结构是无序的，因此这里返回的 Series 也是无序的，这里依旧可以通过 index 指定索引的排列顺序，如图 3.7 所示。

Series 对象和索引都有 name 属性，这样我们就可以给 Series 定义名称，让 Series 更 具可读性，如图 3.8 所示。

```
names = ['张三','李四','王五','小明']
obj4 = Series(data, index=names)
obj4

张三   92
李四   78
王五   68
小明   82
dtype: int64
```

图 3.7　创建 Series 数据 4

```
obj4.name = 'math'
obj4.index.name = 'students'
```

```
obj4

students
张三   92
李四   78
王五   68
小明   82
Name: math, dtype: int64
```

图 3.8　name 属性

3.1.2　创建 DataFrame 数据

DataFrame 数据是 Python 数据分析最常用的数据，无论是创建的数据或外部数据，我 们首先想到的都是如何将其转换为 DataFrame 数据，原因是 DataFrame 为表格型数据。说 到表格型数据，多数人想到的可能是 Excel 表格，本章将会把 DataFrame 与 Excel 两种数 据进行对比，让读者可以更加轻松地了解和使用 DataFrame 数据。

在 Excel 中，在单元格中输入数据即可创建一张表格。对于 DataFrame 数据而言，需要用代码实现，创建 DataFrame 数据的办法有很多，最常用的是传入由数组、列表或元组组成的字典，代码如图 3.9 所示。

```
import numpy as np
from pandas import Series,DataFrame
import pandas as pd

data = {
    'name':['张三', '李四', '王五', '小明'],
    'sex':['female', 'female', 'male', 'male'],
    'year':[2001, 2001, 2003, 2002],
    'city':['北京', '上海', '广州', '北京']
}
df = DataFrame(data)
df
```

图 3.9　创建 DataFrame 数据 1

返回的数据如图 3.10 所示，DataFrame 数据有行索引和列索引，行索引类似于 Excel 表格中每行的编号（没有指定行索引的情况下），列索引类似于 Excel 表格的列名（通常也可称为字段）。

	city	name	sex	year
0	北京	张三	female	2001
1	上海	李四	female	2001
2	广州	王五	male	2003
3	北京	小明	male	2002

图 3.10　DataFrame 数据

由于字典是无序的，因此可以通过 columns 指定列索引的排列顺序，如图 3.11 所示。

```
df = DataFrame(data, columns=['name', 'sex', 'year', 'city'])
df
```

	name	sex	year	city
0	张三	female	2001	北京
1	李四	female	2001	上海
2	王五	male	2003	广州
3	小明	male	2002	北京

图 3.11　指定列索引顺序

当没有指定行索引的情况下，会使用 0 到 N-1（N 为数据的长度）作为行索引，这里也可以使用其他数据作为行索引，如图 3.12 所示。

```
df = DataFrame(data, columns=['name', 'sex', 'year', 'city'],index=['a', 'b', 'c', 'd'])
df
```

	name	sex	year	city
a	张三	female	2001	北京
b	李四	female	2001	上海
c	王五	male	2003	广州
d	小明	male	2002	北京

```
df.index
```
```
Index(['a', 'b', 'c', 'd'], dtype='object')
```
```
df.columns
```
```
Index(['name', 'sex', 'year', 'city'], dtype='object')
```

图 3.12　指定行索引

使用嵌套字典的数据也可以创建 DataFrame 数据，如图 3.13 所示。

```
data2 = {
    'sex':{'张三':'female','李四':'female','王五':'male'},
    'city':{'张三':'北京','李四':'上海','王五':'广州'}
}
df2 = DataFrame(data2)
df2
```

	city	sex
张三	北京	female
李四	上海	female
王五	广州	male

图 3.13　创建 DataFrame 数据 2

表 3.1 中提供了部分常用的为创建 DataFrame 数据可传入的数据类型。

表 3.1　创建DataFrame数据可输入的数据类型

类　　型	使用说明
二维ndarray	数据矩阵，可传入行列索引
由数组、列表或元组组成的字典	如图3.9所示
由Series组成的字典	每个Series为一列，Series索引合并为行索引
嵌套字典	如图3.13所示
字典或Series的列表	各项成为DataFrame一行，字典键或Series索引成为DataFrame列索引
由列表或元组组成的列表	类似于"二维数组"

如果 df 为某班级学生的信息，通过设置 DataFrame 的 index 和 columns 的 name 属性，可以将这些信息显示出来，如图 3.14 所示。

```
df.index.name = 'id'
df.columns.name = 'std_info'

df

std_info  name  sex     year   city
id

    a     张三  female  2001   北京
    b     李四  female  2001   上海
    c     王五  male    2003   广州
    d     小明  male    2002   北京
```

图 3.14　设置 name 属性

通过 values 属性可以将 DataFrame 数据转换为二维数组，如图 3.15 所示。

```
df.values
array([['张三', 'female', 2001, '北京'],
       ['李四', 'female', 2001, '上海'],
       ['王五', 'male', 2003, '广州'],
       ['小明', 'male', 2002, '北京']], dtype=object)
```

图 3.15　转换为二维数组

注意：各列数据类型不同，返回的数组会兼顾所有数据类型。

3.1.3　索引对象

Series 的索引和 DataFrame 的行和列索引都是索引对象，用于负责管理轴标签和元数据，如图 3.16 所示。

```
obj.index
Index(['a', 'b', 'c', 'd'], dtype='object')

df.index
Index(['a', 'b', 'c', 'd'], dtype='object', name='id')

df.columns
Index(['name', 'sex', 'year', 'city'], dtype='object', name='std_info')
```

图 3.16　索引对象

索引对象是不可以进行修改的，如果修改就会报错，如图 3.17 所示。

```
index = obj.index
index[1] = 'f'
```

```
----------------------------------------------------------------
TypeError                                 Traceback (most recent call last)
<ipython-input-14-4f995da5e969> in <module>()
      1 index = obj.index
----> 2 index[1] = 'f'

F:\Anaconda\envs\data-analysis\lib\site-packages\pandas\core\indexes\base.py in __setitem__(self, key, value)
   1668
   1669     def __setitem__(self, key, value):
-> 1670         raise TypeError("Index does not support mutable operations")
   1671
   1672     def __getitem__(self, key):

TypeError: Index does not support mutable operations
```

图 3.17　索引对象不可修改

索引对象类似于数组数据，其功能也类似于一个固定大小的集合，如图 3.18 所示。

```
df
```

std_info	name	sex	year	city
id				
a	张三	female	2001	北京
b	李四	female	2001	上海
c	王五	male	2003	广州
d	小明	male	2002	北京

```
'sex' in df.columns
```
```
True
```
```
'f' in df.index
```
```
False
```

图 3.18　集合运算

注意：读者不需要了解索引对象的细节。

3.2　pandas 索引操作

本节将针对 Series 和 DataFrame 数据，讲解 Series 和 DataFrame 索引操作的方法，通过将它们与 Excel 数据的类比，讲解 DataFrame 数据的选取与操作。

3.2.1　重新索引

前面说过，索引对象是无法进行修改的，本节所说的重新索引并不是给索引重新命名，而是对索引重新排序，如果某个索引值不存在的话，就会引入缺失值。首先来看下 Series 重新排序后的索引，如图 3.19 所示。

```
obj = Series([1, -2, 3, -4], index=['b', 'a', 'c', 'd'])
obj

b    1
a   -2
c    3
d   -4
dtype: int64

obj2 = obj.reindex(['a', 'b', 'c', 'd', 'e'])
obj2

a   -2.0
b    1.0
c    3.0
d   -4.0
e    NaN
dtype: float64
```

图 3.19　Series 重新排序后的索引

如果需要对插入的缺失值进行填充的话，可通过 method 参数来实现，参数值为 ffill 或 pad 时为向前填充，参数值为 bfill 或 backfill 时为向后填充，如图 3.20 所示。

```
obj = Series([1, -2, 3, -4], index=[0,2,3,5])
obj

0    1
2   -2
3    3
5   -4
dtype: int64

obj2 = obj.reindex(range(6),method='ffill')
obj2

0    1
1    1
2   -2
3    3
4    3
5   -4
dtype: int64
```

图 3.20　填充缺失值

对于 DataFrame 数据来说，行和列索引都是可以重新索引的，如图 3.21 所示为重新索引行。

```
df = DataFrame(np.arange(9).reshape(3,3),index=['a','c','d'],columns=['name','id','sex'])
df
```

	name	id	sex
a	0	1	2
c	3	4	5
d	6	7	8

```
df2 = df.reindex(['a', 'b', 'c', 'd'])
df2
```

	name	id	sex
a	0.0	1.0	2.0
b	NaN	NaN	NaN
c	3.0	4.0	5.0
d	6.0	7.0	8.0

图 3.21　重新索引行

重新索引列需要使用 columns 关键字，如图 3.22 所示。

```
df3 = df.reindex(columns=['name', 'year', 'id'], fill_value=0)
df3
```

	name	year	id
a	0	0	1
c	3	0	4
d	6	0	7

图 3.22　重新索引列

如表 3.2 所示为 reindex 函数的各参数使用说明。

表 3.2　reindex函数参数

类　　型	使用说明
index	用于索引的新序列
method	填充缺失值方法
fill_value	缺失值替代值
limit	最大填充量

3.2.2　更换索引

在 DataFrame 数据中，如果不希望使用默认行索引的话，可在创建的时候通过 index

参数来设置行索引。有时我们希望将列数据作为行索引，这时可通过 set_index 方法来实现，如图 3.23 所示。

与 set_index 方法相反的方法是 reset_index 方法，如图 3.24 所示。

	city	name	sex	year
0	北京	张三	female	2001
1	上海	李四	female	2001
2	广州	王五	male	2003
3	北京	小明	male	2002

```
df2 = df.set_index('name')
df2
```

	city	sex	year
name			
张三	北京	female	2001
李四	上海	female	2001
王五	广州	male	2003
小明	北京	male	2002

图 3.23　指定行索引

```
df3 = df2.reset_index()
df3
```

	name	city	sex	year
0	张三	北京	female	2001
1	李四	上海	female	2001
2	王五	广州	male	2003
3	小明	北京	male	2002

图 3.24　恢复索引

下面给读者举一个实际的例子。对于 Excel 表格而言，排序之后，行索引并不会发生改变（依旧是从 1 开始计数），而对 DataFrame 数据，排序之后其行索引会改变，如图 3.25 所示。

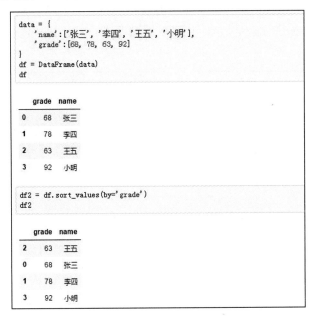

```
data = {
    'name':['张三','李四','王五','小明'],
    'grade':[68, 78, 63, 92]
}
df = DataFrame(data)
df
```

	grade	name
0	68	张三
1	78	李四
2	63	王五
3	92	小明

```
df2 = df.sort_values(by='grade')
df2
```

	grade	name
2	63	王五
0	68	张三
1	78	李四
3	92	小明

图 3.25　排序改变行索引

🔊说明：排序在后面内容中会详细讲解。

这里要获取成绩倒数两位同学的数据的话，需要记住其单独的索引。但当数据量大的时候，想查看多位排序过后的数据时，这种做法是很不方便的。我们可通过恢复索引，对数据进行排序，这样操作起来会方便很多，如图 3.26 所示。

原索引可通过 drop 参数进行删除，如图 3.27 所示。

```
df3 = df2.reset_index()
df3
```

	index	grade	name
0	2	63	王五
1	0	68	张三
2	1	78	李四
3	3	92	小明

图 3.26　索引重排

```
df4 = df2.reset_index(drop=True)
df4
```

	grade	name
0	63	王五
1	68	张三
2	78	李四
3	92	小明

图 3.27　删除原索引

3.2.3　索引和选取

在数据分析中，选取需要的数据进行处理和分析是很重要的。在 Excel 表格中，通过鼠标点选或扩选可以轻松地选取数据，而在 pandas 数据中，需要通过索引来完成数据的选取工作。

Series 数据的选取较为简单，使用方法类似于 Python 的列表，这里不仅可以通过 0 到 N-1（N 是数据长度）来进行索引，同时也可以通过设置好的索引标签来进行索引，如图 3.28 所示。

```
obj = Series([1, -2, 3, -4], index=['a', 'b', 'c', 'd'])
obj

a    1
b   -2
c    3
d   -4
dtype: int64

obj[1]

-2

obj['b']

-2

obj[['a','c']]

a    1
c    3
dtype: int64
```

图 3.28　Series 索引

切片运算与 Python 列表略有不同，如果是利用索引标签切片，其尾端是被包含的，如图 3.29 所示。

```
obj[0:2]

a    1
b   -2
dtype: int64

obj['a':'c']

a    1
b   -2
c    3
dtype: int64
```

图 3.29　Series 切片

DataFrame 数据的选取更复杂些，因为它是二维数组，选取列和行都有具体的使用方法。接下来将重点介绍 DataFrame 数据的选取。

1．选取列

通过列索引标签或以属性的方式可以单独获取 DataFrame 的列数据，返回的数据为 Series 结构，如图 3.30 所示。

通过两个中括号，可以获取多个列的数据，如图 3.31 所示。

```
   city  name    sex  year
0  北京   张三  female  2001
1  上海   李四  female  2001
2  广州   王五    male  2003
3  北京   小明    male  2002

df['city']

0    北京
1    上海
2    广州
3    北京
Name: city, dtype: object

df.name

0    张三
1    李四
2    王五
3    小明
Name: name, dtype: object
```

图 3.30　选取单独列

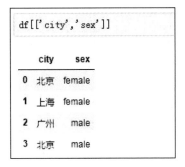

图 3.31　选取多列

注意：选取列不能使用切片，因为切片用于选取行数据。

2．选取行

通过行索引标签或行索引位置（0 到 N-1）的切片形式可选取 DataFrame 的行数据，如图 3.32 和图 3.33 所示。

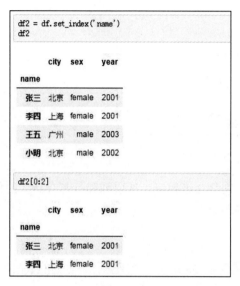

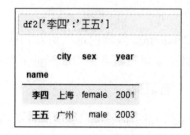

图 3.32　选取行 1　　　　　　　　　　图 3.33　选取行 2

显然，切片方法选取行有很大的局限性。如果想获取单独的几行，通过 loc 和 iloc 方法可以实现。loc 方法是按行索引标签选取数据，如图 3.34 所示；iloc 方法是按索引位置选取数据，如图 3.35 所示。

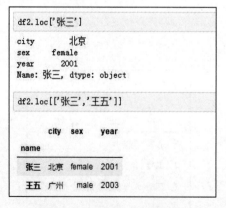

图 3.34　通过 loc 方法选取行　　　　　图 3.35　通过 iloc 方法选取行

3．选取行和列

在数据分析中，有时可能只是对部分行和列进行操作，这时就需要选取 DataFrame 数据中行和列的子集，而通过 ix 方法就可以轻松地完成。ix 方法同时支持索引标签和索引位置来进行数据的选取，如图 3.36 所示。

其实，ix 方法除了可以选取部分行和列外，也可以选取单独的行或者列，如图 3.37 所示。

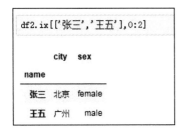

图 3.36 通过 ix 方法选取行和列　　　　图 3.37 通过 ix 获取单独的行和列

4．布尔选择

以 df 2 为例，筛选出性别为 female 的数据，这时就需要通过布尔选择来完成，如图 3.38 所示。

与数组布尔型索引类似，既然可以使用布尔选择，那么同样也适用于不等于符号（！=）、负号（-）、和（&）、或（|），如图 3.39 所示。

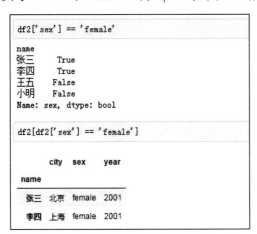

图 3.38 布尔选择 1　　　　　　　　图 3.39 布尔选择 2

3.2.4 操作行和列

在数据分析中，常用的基本操作为 "增、删、改、查"，查（选取）在前面内容中已经详细讲解过，本节主要讲解其余的 3 个操作。

1．增加

以 df 数据为例，该班级转来了一个新生，需要在原有数据的基础上增加一行数据。可以通过 append 函数传入字典结构数据即可，如图 3.40 所示。

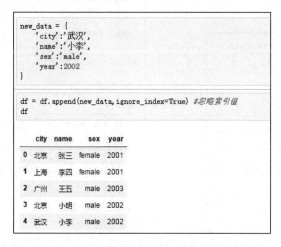

```
new_data = {
    'city':'武汉',
    'name':'小李',
    'sex':'male',
    'year':2002
}

df = df.append(new_data, ignore_index=True) #忽略索引值
df
```

	city	name	sex	year
0	北京	张三	female	2001
1	上海	李四	female	2001
2	广州	王五	male	2003
3	北京	小明	male	2002
4	武汉	小李	male	2002

图 3.40　新增行

这些学生都是 2018 级的，这里我们新建一列用于存放该信息。为一个不存在的列赋值，即可创建一个新列，如图 3.41 所示。

如果要新增的列中的数值不一样时，可以传入列表或数组结构数据进行赋值，如图 3.42 所示。

```
df['class'] = 2018
df
```

	city	name	sex	year	class
0	北京	张三	female	2001	2018
1	上海	李四	female	2001	2018
2	广州	王五	male	2003	2018
3	北京	小明	male	2002	2018
4	武汉	小李	male	2002	2018

图 3.41　新增列 1

```
df['math'] = [92,78,58,69,82]
df
```

	city	name	sex	year	class	math
0	北京	张三	female	2001	2018	92
1	上海	李四	female	2001	2018	78
2	广州	王五	male	2003	2018	58
3	北京	小明	male	2002	2018	69
4	武汉	小李	male	2002	2018	82

图 3.42　新增列 2

2．删除

如果王五同学转学了，class 字段没有用了，就需要删除其信息。通过 drop 方法可以删除指定轴上的信息，如图 3.43 所示。

```
new_df = df.drop(2)    #删除行
new_df
```

	city	name	sex	year	class	math
0	北京	张三	female	2001	2018	92
1	上海	李四	female	2001	2018	78
3	北京	小明	male	2002	2018	69
4	武汉	小李	male	2002	2018	82

```
new_df = new_df.drop('class',axis=1)    #删除列
new_df
```

	city	name	sex	year	math
0	北京	张三	female	2001	92
1	上海	李四	female	2001	78
3	北京	小明	male	2002	69
4	武汉	小李	male	2002	82

图 3.43　删除行和列

3．修改

这里的"改"指的是行和列索引标签的修改，通过 rename 函数，可完成由于某些原因导致的标签录入错误的问题，如图 3.44 所示。

```
new_df.rename(index={3:2,4:3},columns={'math':'Math'},inplace=True)    #inplace可在原数据上修改
new_df
```

	city	name	sex	year	Math
0	北京	张三	female	2001	92
1	上海	李四	female	2001	78
2	北京	小明	male	2002	69
3	武汉	小李	male	2002	82

图 3.44　修改标签名

3.3　pandas 数据运算

本节将针对 Series 和 DataFrame 数据，详细讲解二者的算术运行和函数的应用，这在

数据分析中会经常使用，读者需要认真学习。

3.3.1　算术运算

pandas 的数据对象在进行算术运算时，如果有相同索引对则进行算术运算，如果没有则会引入缺失值，这就是数据对齐。下面通过图 3.45 来看看 Series 数据的算术运算。

```
obj1 = Series([3.2,5.3,-4.4,-3.7],index=['a','c','g','f'])
obj1

a    3.2
c    5.3
g   -4.4
f   -3.7
dtype: float64

obj2 = Series([5.0,-2,4.4,3.4],index=['a','b','c','d'])
obj2

a    5.0
b   -2.0
c    4.4
d    3.4
dtype: float64

obj1 + obj2

a    8.2
b    NaN
c    9.7
d    NaN
f    NaN
g    NaN
dtype: float64
```

图 3.45　Series 数据运算

对于 DataFrame 数据而言，对齐操作会同时发生在行和列上，如图 3.46 所示。

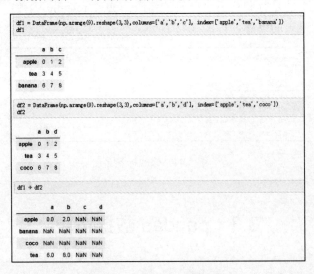

图 3.46　DataFrame 数据运算

DataFrame 和 Series 数据在进行运算时，先通过 Series 的索引匹配到相应的 DataFrame 列索引上，然后沿行向下运算（广播），如图 3.47 所示。

```
df1

          a  b  c
apple     0  1  2
tea       3  4  5
banana    6  7  8


s = df1.ix['apple']
s

a    0
b    1
c    2
Name: apple, dtype: int32

df1 - s

          a  b  c
apple     0  0  0
tea       3  3  3
banana    6  6  6
```

图 3.47　Series 与 DataFrame 运算

3.3.2　函数应用和映射

在数据分析时，常常会对数据进行较复杂的数据运算，这时需要定义函数。定义好的函数可以应用到 pandas 数据中，其中有三种方法：map 函数，将函数套用在 Series 的每个元素中；apply 函数，将函数套用到 DataFrame 的行与列上；applymap 函数，将函数套用到 DataFrame 的每个元素上。

如图 3.48 所示，需要把 price 列的"元"字去掉，这时就需要用到 map 函数，使用方法如图 3.49 所示。

```
data = {
  'fruit':['apple', 'orange', 'grape', 'banana'],
  'price':['25元', '42元', '35元', '14元']
}
df1 = DataFrame(data)
df1

     fruit    price

0    apple    25元

1    orange   42元

2    grape    35元

3    banana   14元
```

图 3.48　数据

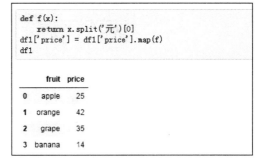

```
def f(x):
    return x.split('元')[0]
df1['price'] = df1['price'].map(f)
df1

     fruit    price

0    apple    25

1    orange   42

2    grape    35

3    banana   14
```

图 3.49　使用 map 函数

apply 函数的使用方法如图 3.50 所示。

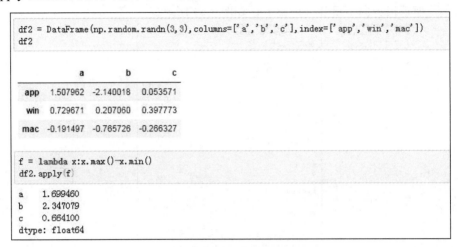

图 3.50　使用 apply 函数

注意：lambda 为匿名函数，和定义好的函数一样，可以节省代码量。

applymap 函数可作用于每个元素，便于对整个 DataFrame 数据进行批量处理，如图 3.51 所示。

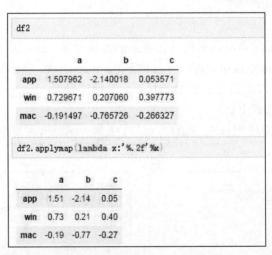

图 3.51　使用 applymap 函数

3.3.3　排序

在 Series 中，通过 sort_index 函数可对索引进行排序，默认情况为升序，如图 3.52 所示。

```
obj1 = Series([-2,3,2,1],index=['b','a','d','c'])
obj1

b   -2
a    3
d    2
c    1
dtype: int64

obj1.sort_index()       #升序

a    3
b   -2
c    1
d    2
dtype: int64

obj1.sort_index(ascending=False)  #降序

d    2
c    1
b   -2
a    3
dtype: int64
```

图 3.52　Series 索引排序

通过 sort_values 方法可对值进行排序，如图 3.53 所示。

对于 DataFrame 数据而言，通过指定轴方向，使用 sort_index 函数可对行或者列索引进行排序，这里不多做示例了。要根据列进行排序，可以通过 sort_values 函数，把列名传给 by 参数即可，如图 3.54 所示。

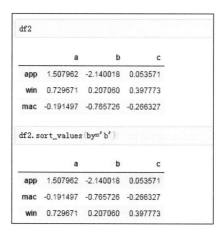

图 3.54　DataFrame 列排序

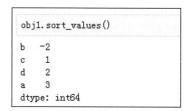

图 3.53　Series 值排序

3.3.4　汇总与统计

在 DataFrame 数据中，通过 sum 函数可以对每列进行求和汇总，与 Excel 中的 sum 函数类似，如图 3.55 所示。

```
df = DataFrame(np.random.randn(9).reshape(3,3),columns=['a','b','c'])
df
```

	a	b	c
0	0.660215	-1.137716	-0.302954
1	1.496589	-0.768645	-2.091506
2	0.170316	-2.682284	-0.041099

```
df.sum()
```

```
a    2.327120
b   -4.588645
c   -2.435558
dtype: float64
```

图 3.55　按列汇总

指定轴方向，通过 sum 函数可按行汇总，如图 3.56 所示。

describe 方法可对每个数值型列进行统计，经常用于对数据的初步观察时使用，如图 3.57 所示。

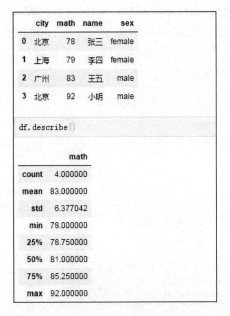

	city	math	name	sex
0	北京	78	张三	female
1	上海	79	李四	female
2	广州	83	王五	male
3	北京	92	小明	male

```
df.describe()
```

	math
count	4.000000
mean	83.000000
std	6.377042
min	78.000000
25%	78.750000
50%	81.000000
75%	85.250000
max	92.000000

```
df.sum(axis=1)
```

```
0   -0.780455
1   -1.363562
2   -2.553067
dtype: float64
```

图 3.56　按行汇总   图 3.57　汇总统计

3.3.5　唯一值和值计数

在 Series 中，通过 unique 函数可以获取不重复的数组，如图 3.58 所示。

通过 values_counts 方法可统计每个值出现的次数，如图 3.59 所示。

```
obj = Series(['a','b','a','c','b'])
obj

0    a
1    b
2    a
3    c
4    b
dtype: object

obj.unique()

array(['a', 'b', 'c'], dtype=object)
```

图 3.58　唯一值

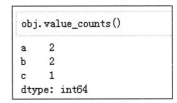

图 3.59　值计数

注意：对于 DataFrame 的列而言，unique 函数和 values_counts 方法同样适用，这里不再举例。

3.4　层次化索引

层出化索引是 pandas 重要的功能之一，本节将简单讲解层次化索引的创建过程和使用方法。

3.4.1　层次化索引简介

简单地说，层出化索引就是轴上有多个级别索引，如图 3.60 所示为创建一个层次化索引的 Series 对象。

```
obj = Series(np.random.randn(9),
          index=[['one','one','one','two','two','two','three','three','three'],
          ['a','b','c','a','b','c','a','b','c']])
obj

one    a    0.697195
       b   -0.887408
       c    0.451851
two    a    0.390779
       b   -2.058070
       c    0.760594
three  a   -0.305534
       b   -0.720491
       c   -0.259225
dtype: float64
```

图 3.60　Series 层次化索引

该索引对象为 MultiIndex 对象，如图 3.61 所示。

层次化索引的对象，索引和选取操作都很简单，如图 3.62 所示。

```
obj.index

MultiIndex(levels=[['one', 'three', 'two'], ['a', 'b', 'c']],
           labels=[[0, 0, 0, 2, 2, 2, 1, 1, 1], [0, 1, 2, 0, 1, 2, 0, 1, 2]])
```

图 3.61　MultiIndex 对象

```
obj['two']

a     0.390779
b    -2.058070
c     0.760594
dtype: float64


obj[:,'a']    #内层选取

one      0.697195
two      0.390779
three   -0.305534
dtype: float64
```

图 3.62　数据选取

对于 DataFrame 数据而言，行和列索引都可以为层次化索引，如图 3.63 所示。选取数据也很简单，如图 3.64 所示。

```
df = DataFrame(np.arange(16).reshape(4,4),
          index=[['one','one','two','two'],['a','b','a','b']],
          columns=[['apple','apple','orange','orange'],['red','green','red','green']])
df
```

		apple		orange	
		red	green	red	green
one	a	0	1	2	3
	b	4	5	6	7
two	a	8	9	10	11
	b	12	13	14	15

图 3.63　DataFrame 层次化索引

```
df['apple']
```

		red	green
one	a	0	1
	b	4	5
two	a	8	9
	b	12	13

图 3.64　数据选取

3.4.2　重排分级顺序

通过 swaplevel 方法可以对层次化索引进行重排，如图 3.65 所示。

```
df.swaplevel(0,1)
```

		apple		orange	
		red	green	red	green
a	one	0	1	2	3
b	one	4	5	6	7
a	two	8	9	10	11
b	two	12	13	14	15

图 3.65　重排分级顺序

3.4.3　汇总统计

在对层次化索引的 pandas 数据进行汇总统计时，可以通过 level 参数指定在某层次上进行汇总统计，如图 3.66 所示。

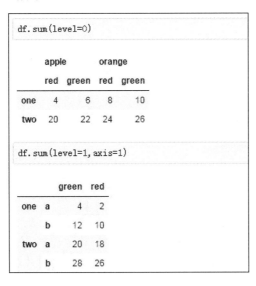

图 3.66　根据级别汇总统计

🔔注意：层次化索引的用途在后面会详细讲解。

3.5　pandas 可视化

pandas 库中集成了 matplotlib 中的基础组件，让绘图更加简单。本节将讲解如何利用 pandas 绘制基本图形。

3.5.1　线形图

线形图通常用于描绘两组数据之间的趋势。例如，销售行中月份与销售量之间的趋势情况；金融行中股票收盘价与时间序列之间的走势。

pandas 库中的 Series 和 DataFrame 中都有绘制各类图表的 plot 方法，默认情况绘制的是线形图。下面首先创建一个 Series 对象，如图 3.67 所示。

```
import numpy as np
from pandas import Series,DataFrame
import pandas as pd
import matplotlib as mpl
import matplotlib.pyplot as plt   #导入matplotlib库
%matplotlib inline      #魔法函数

s = Series(np.random.normal(size=10))
s

0   -0.468142
1   -1.408927
2   -0.182548
3   -0.043023
4    0.121437
5    0.539194
6    0.011423
7   -0.938207
8    1.589460
9    0.460753
dtype: float64
```

图 3.67　Series 数据

🔔注意：%matplotlib inline 为魔法函数，使用该函数绘制的图片会直接显示在 Notebook 中。

　　通过 s.plot 方法可以绘制线形图，如图 3.68 所示。从图中可以看出，Series 的索引作为 X 轴，值为 Y 轴。

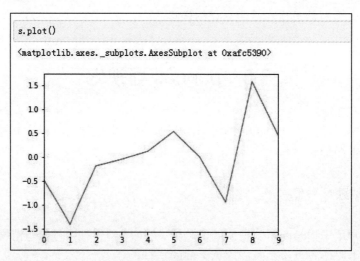

图 3.68　Series 的线形图

　　通过 DataFrame 数据的 plot 方法可以为各列绘制一条线，并会给其创建好图例。首先创建 DataFrame 数据，如图 3.69 所示。

```
df = DataFrame({'normal': np.random.normal(size=100),
                'gamma': np.random.gamma(1, size=100),
                'poisson': np.random.poisson(size=100)})
df.cumsum()
```

	gamma	normal	poisson
0	1.804045	1.788000	0.0
1	1.835715	0.089426	0.0
2	3.850210	0.870177	0.0
3	6.082898	0.902761	0.0
4	8.837446	0.959945	1.0
5	9.307126	1.658268	3.0

图 3.69　DataFrame 数据

绘制的图如图 3.70 所示。

注意：关于 pandas 绘图的参数，会在实际案例中具体介绍。

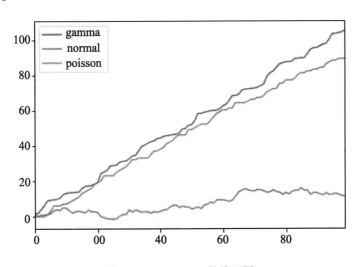

图 3.70　DataFrame 的线形图

3.5.2　柱状图

柱状图常描绘各类别之间的关系。例如，班级中男生和女生的分布情况；某零售店各商品的购买数量分布情况。通过 pandas 绘制柱状图很简单，只需要在 plot 函数中加入 kind='bar'，如果类别较多，可绘制水平柱状图（kind='barh'）。

首先，创建一个 DataFrame 数据的学生信息表格，如果需要分析班级的男女比例是否平衡，这时就可以使用柱状图，通过 value_counts 计数，获取男女计数的 Series 数据，进而绘制柱状图，如图 3.71 和图 3.72 所示。

```
data = {
    'name':['张三', '李四', '王五', '小明', 'Peter'],
    'sex':['female', 'female', 'male', 'male','male'],
    'year':[2001, 2001, 2003, 2002, 2002],
    'city':['北京', '上海', '广州', '北京', '北京']
}
df = DataFrame(data)
df
```

	city	name	sex	year
0	北京	张三	female	2001
1	上海	李四	female	2001
2	广州	王五	male	2003
3	北京	小明	male	2002
4	北京	Peter	male	2002

```
df['sex'].value_counts()
```

```
male      3
female    2
Name: sex, dtype: int64
```

图 3.71　男女计数

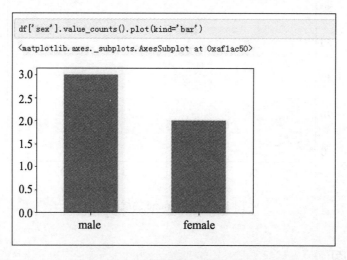

```
df['sex'].value_counts().plot(kind='bar')
```

```
<matplotlib.axes._subplots.AxesSubplot at 0xaf1ac50>
```

图 3.72　班级学生性别分布情况

对于 DataFrame 数据而言，每一行的值会成为一组，如图 3.73 和图 3.74 所示。

🔔说明：可视化效果会用不同的颜色来代表不同的类，鉴于本书是黑白印刷，读者可用代码实践一下，观察实际的图片效果。后面类似问题不再说明。

```
df2 = DataFrame(np.random.randint(0,100,size=(3,3)),
                index=('one','two','three'),
                columns = ['A','B','C'])
df2
```

	A	B	C
one	29	5	88
two	35	42	43
three	87	85	76

图 3.73　DataFrame 数据

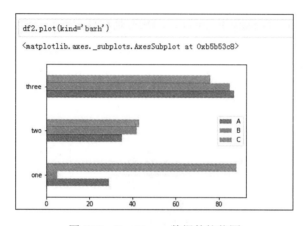

图 3.74　DataFrame 数据的柱状图

设置 plot 函数的 stacked 参数，可以绘制堆积柱状图，如图 3.75 所示。

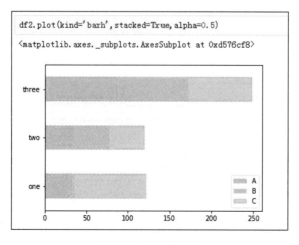

图 3.75　堆积柱状图

☐说明：plot 函数的 alpha 参数可设置颜色透明度。

3.5.3　直方图和密度图

直方图用于频率分布，y 轴可为数值或者比率。直方图在统计分析中是经常使用的，绘制数据的直方图，可以看出其大概分布规律。例如，某班级的身高情况一般是服从正态分布，即高个子和矮个子的人较少，大部分都是在平均身高左右。

可以通过 hist 方法绘制直方图，如图 3.76 所示。

🔔**注意**：通过设置 grid 参数可在图表中添加网格；bins 参数是将值分为多少段，默认为 10。

核密度估计（Kernel Density Estimate，KDE）是对真实密度的估计，其过程是将数据的分布近似为一组核（如正态分布）。通过 plot 函数的 kind='kde' 可进行绘制，如图 3.77 所示。

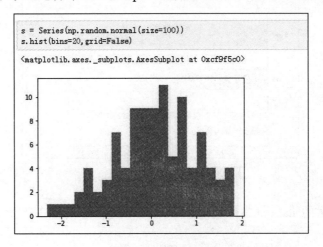

图 3.76　直方图

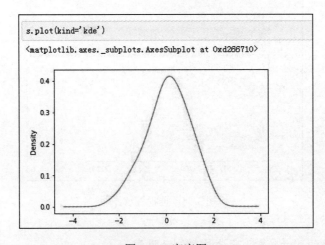

图 3.77　密度图

3.5.4　散点图

散点图主要用来表现数据之间的规律。例如，身高和体重之间的规律。下面创建一个
DataFrame 数据，然后绘制散点图，如图 3.78 和图 3.79 所示。

```
df3 = DataFrame(np.arange(10),columns=['X'])
df3['Y'] = 2 * df3['X'] + 5
df3
```

	X	Y
0	0	5
1	1	7
2	2	9
3	3	11
4	4	13
5	5	15
6	6	17
7	7	19
8	8	21
9	9	23

图 3.78　数据

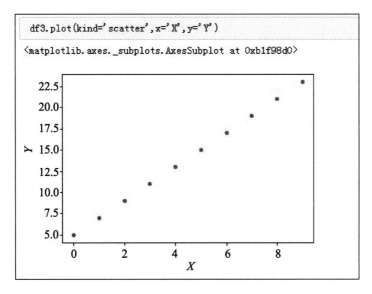

```
df3.plot(kind='scatter',x='X',y='Y')
```

```
<matplotlib.axes._subplots.AxesSubplot at 0xb1f98d0>
```

图 3.79　散点图

3.6 综合示例——小费数据集

本节主要讲解数据分析的基本流程，对小费数据集进行数据的分析与可视化。

3.6.1 数据分析流程

数据分析的流程通常情况下分为 5 步。

（1）收集数据。在这一步中，需要对收集的数据有一定的认知，对各字段的含义和背景知识都要有着足够的理解。

（2）定义问题。根据各自的行业和业务知识，对数据定义多个待解决的问题。

（3）数据清洗与整理。由于各种问题，获取的数据不够"干净"，需通过各种手段对数据进行清洗与整理，以便得到准确的分析结果。

（4）数据探索。通过可视化等手段，对数据进行分析和探索，得出结论。

（5）数据展示。这部分用于输出，或撰写数据分析报告、或汇报给上级、或绘制 PPT。

以上只是基本的数据分析流程，根据实际情况会略有不同。例如，在实际工作中，第（1）步和第（2）步可能会顺序颠倒，首先需要明确目标，然后再根据目标收集数据；在数据探索方面，也会使用数据挖掘等技术实现更具复杂和有实际操作意义的模型。但本书中的数据分析案例是按照以上的流程进行讲解（不讲解第（5）步）。

3.6.2 数据来源

小费数据集来源于 Python 第三方库 seaborn（用于绘图）中自带的数据，加载该数据集，如图 3.80 所示。

```
import numpy as np
from pandas import Series, DataFrame
import pandas as pd
import seaborn as sns    #导入seaborn库

tips=sns.load_dataset('tips')
tips.head()
```

	total_bill	tip	sex	smoker	day	time	size
0	16.99	1.01	Female	No	Sun	Dinner	2
1	10.34	1.66	Male	No	Sun	Dinner	3
2	21.01	3.50	Male	No	Sun	Dinner	3
3	23.68	3.31	Male	No	Sun	Dinner	2
4	24.59	3.61	Female	No	Sun	Dinner	4

图 3.80 小费数据集

⌂注意：head 函数会返回前 5 条数据，也可指定返回数据行数。

众所周知，在西方国家的服务行业中，顾客会给予服务员一定金额的小费。该小费数据为餐饮行业收集的数据。total_bill 列为消费总金额；tip 列为小费金额；sex 列为顾客性别；smoker 列为顾客是否抽烟；day 列为消费的星期；time 列为聚餐的时间段；size 列为聚餐人数。

3.6.3　定义问题

本次分析中，围绕小费数据集提出几个问题：小费金额与消费总金额是否存在相关性？性别、是否吸烟、星期几、中/晚餐、聚餐人数和小费金额是否有一定的关联？小费金额占消费总金额的百分比服从正态分布？

3.6.4　数据清洗

首先对数据进行简单描述，看是否有缺失值或者异常值，如图 3.81 所示。

```
tips.shape

(244, 7)

tips.describe()
```

	total_bill	tip	size
count	244.000000	244.000000	244.000000
mean	19.785943	2.998279	2.569672
std	8.902412	1.383638	0.951100
min	3.070000	1.000000	1.000000
25%	13.347500	2.000000	2.000000
50%	17.795000	2.900000	2.000000
75%	24.127500	3.562500	3.000000
max	50.810000	10.000000	6.000000

图 3.81　描述统计

通过结果可以看出，总共有 244 条数据，通过统计暂时看不出是否有缺失值。通过打印数据的 info 信息可以看出每列数据的类型和缺失值，本例中的小费数据集没有缺失值，如图 3.82 所示。

⌂注意：本例数据非常"干净"，数据清洗的内容将在后面内容中详细讲解。

```
tips.info()

<class 'pandas.core.frame.DataFrame'>
RangeIndex: 244 entries, 0 to 243
Data columns (total 7 columns):
total_bill    244 non-null float64
tip           244 non-null float64
sex           244 non-null category
smoker        244 non-null category
day           244 non-null category
time          244 non-null category
size          244 non-null int64
dtypes: category(4), float64(2), int64(1)
memory usage: 7.2 KB
```

图 3.82　查看缺失值

3.6.5　数据探索

首先对小费金额与消费总金额进行分析，看看它们之间是否有关联，通过下面代码绘制散点图，如图 3.83 所示。

```
tips.plot(kind='scatter',x='total_bill',y='tip')
```

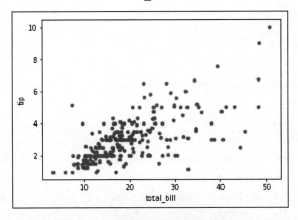

图 3.83　小费金额与消费总金额散点图

通过图 3.83 可以看出，小费金额与消费总金额存在着正相关的关系，即消费的金额越多，给的小费也就越多，这是比较合理的。

我们再来看看性别不一样是否会影响小费的金额。这里使用柱状图，通过布尔选择男女性别，对小费数据进行平均后绘制柱状图，具体操作如图 3.84 所示。

柱状图如图 3.85 所示，女性小费金额少于男性小费金额。

🔔**注意**：这种通过类别汇总的方法比较麻烦，下面讲解的 groupby 方法会简单许多。

```
male_tip = tips[tips['sex'] == 'Male']['tip'].mean()
male_tip

3.0896178343949052

female_tip = tips[tips['sex'] == 'Female']['tip'].mean()
female_tip

2.833448275862069

s = Series([male_tip,female_tip],index=['male','female'])
s

male      3.089618
female    2.833448
dtype: float64

s.plot(kind='bar')
```

图 3.84　男女平均小费金额

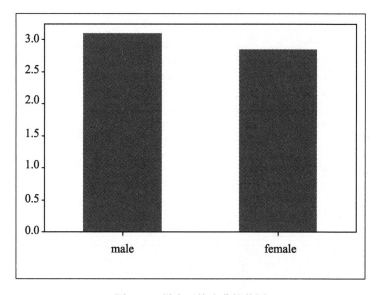

图 3.85　男女平均小费柱状图

其他字段与小费的关系也是类似的方法。例如，日期与小费的关系，由于观察数据时只看到了前 5 行数据，通过 unique 函数看下日期的唯一值有哪些，如图 3.86 所示。

日期平均小费柱状图如图 3.87 所示，周六、周日的小费比周四、周五的小费高。

最后我们一起来分析一下小费百分比的分布情况，这里的消费总金额为小费的金额和聚餐所花费的金额（total_bill），通过 DataFrame 算术运算，新建一列，用于存储小费百分比，如图 3.88 所示。

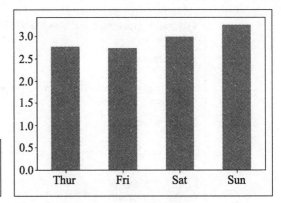

```
tips['day'].unique()

[Sun, Sat, Thur, Fri]
Categories (4, object): [Sun, Sat, Thur, Fri]
```

图 3.86　日期唯一值　　　　　　　　　　　图 3.87　日期平均小费柱状图

```
tips['percent_tip'] = tips['tip']/(tips['total_bill']+tips['tip'])
tips.head(10)
```

	total_bill	tip	sex	smoker	day	time	size	percent_tip
0	16.99	1.01	Female	No	Sun	Dinner	2	0.056111
1	10.34	1.66	Male	No	Sun	Dinner	3	0.138333
2	21.01	3.50	Male	No	Sun	Dinner	3	0.142799
3	23.68	3.31	Male	No	Sun	Dinner	2	0.122638
4	24.59	3.61	Female	No	Sun	Dinner	4	0.128014
5	25.29	4.71	Male	No	Sun	Dinner	4	0.157000
6	8.77	2.00	Male	No	Sun	Dinner	2	0.185701
7	26.88	3.12	Male	No	Sun	Dinner	4	0.104000
8	15.04	1.96	Male	No	Sun	Dinner	2	0.115294
9	14.78	3.23	Male	No	Sun	Dinner	2	0.179345

图 3.88　小费百分比

直方图如图 3.89 所示，可以看出基本上符合正态分布，但也有几个异常点。

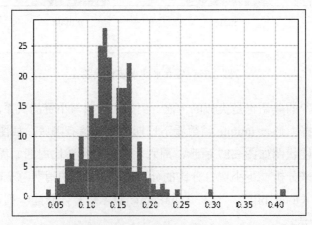

图 3.89　小费百分比直方图

第 4 章　外部数据的读取与存储

对于数据分析而言，数据大部分来源于外部数据，如常用的 CSV 文件、Excel 文件和数据库文件等。本章将讲解如何利用 pandas 库将外部数据转换为 DataFrame 数据格式，再通过 Python 对数据进行处理，将 DataFrame 数据存储到相应的外部数据文件中。

下面给出本章主要涉及的知识点与学习目标。

- 文本数据：学会 CSV、TXT 等文本文件的读取与存储，了解并熟悉 pandas 读取函数参数的使用。
- JSON 和 Excel 数据：学会对 JSON 和 Excel 数据的读取与存储。
- 数据库数据：介绍 MySQL 数据库的读取和存储。
- Web 数据：学会简单的 Web 数据的读取。

4.1　文本数据的读取与存储

本节主要介绍 pandas 解析文本数据的函数，通过简单的例子，灵活使用函数来读取和存储文本数据。

4.1.1　CSV 文件的读取

pandas 库提供了将表格型数据读取为 DataFrame 数据结构的函数。在现实应用中，常用的有 read_csv 和 read_table 函数，具体差异如表 4.1 所示。

表 4.1　文本解析函数

字　　符	作　　用
read_csv	从文件中加载带分隔符的数据，默认分隔符为逗号
read_table	从文件中加载带分隔符的数据，默认分隔符为制表符

CSV 是存储表格数据的常用文件格式，可通过 read_csv 函数进行读取。首先通过 Python 自带的 csv 库创建 CSV 文件。

```
import csv
fp = open('H:/python 数据分析/数据/ch4ex1.csv','w',newline='')
writer = csv.writer(fp)
```

```
writer.writerow(('id','name','grade'))
writer.writerow(('1','lucky','87'))
writer.writerow(('2','peter','92'))
writer.writerow(('3','lili','85'))
fp.close()
```

除了通过打开文件查看数据外，还可以通过 type 方法查看数据，如图 4.1 所示。

图 4.1　数据情况

注意：后面创建 CSV 文件的代码将不再展示；type 方法只适用于 Windows 系统，UNIX 系统使用!cat 命令。

由于创建的文件是标准的 CSV 文件，所以使用 read_csv 函数读取即可，如图 4.2 所示。

图 4.2　读取 CSV 文件 1

注意：读取 CSV 文件时，如果文件路径中有中文，需要加 open 函数，否则会报错。

对于 CSV 文件，也可以使用 read_table 进行读取，指定分隔符即可，如图 4.3 所示。

图 4.3　读取 CSV 文件 2

但实际应用中，CSV 文件的格式并不会如此规整。下面通过几个例子来讲解 read_csv

函数的参数（read_table 函数参数也相同）使用，以解决各种 CSV 文件的读取方法。

1. 指定列作为索引

默认情况下，读取的 DataFrame 的行索引是从 0 开始进行计数。以前面的 CSV 文件为例，读者可自由指定列为行索引。例如，通过 index_col 参数指定 id 列为行索引，如图 4.4 所示。

```
df = pd.read_csv(open('H:/python数据分析/数据/ch4ex1.csv'),index_col='id')
df
```

	name	grade
id		
1	lucky	87
2	peter	92
3	lili	85

图 4.4　指定行索引

如果希望多个列做成一个层次化索引，传入列编号或者列名组成的列表即可。首先看下 CSV 文件，如图 4.5 所示。传入列编号和列名，可将多列做成层次化索引，如图 4.6 所示。

```
!type H:\python数据分析\数据\ch4ex2.csv

school,id,name,grade
a,1,lucky,87
a,2,peter,92
a,3,lili,85
b,1,coco,78
b,2,kevin,87
b,3,heven,96
```

图 4.5　数据情况

```
df = pd.read_csv(open('H:/python数据分析/数据/ch4ex2.csv'),index_col=[0,'id'])
df
```

		name	grade
school	id		
a	1	lucky	87
	2	peter	92
	3	lili	85
b	1	coco	78
	2	kevin	87
	3	heven	96

图 4.6　层次化索引

2．标题行设置

有些情况下，CSV 文件没有标题行，如图 4.7 所示。

```
!type H:\python数据分析\数据\ch4ex3.csv

1,lucky,87
2,peter,92
3,lili,85
```

图 4.7　数据情况

如果使用默认情况读取，会指定第一行为标题行，这是不符合实际情况的，如图 4.8 所示。

```
df = pd.read_csv(open('H:/python数据分析/数据/ch4ex3.csv'))
df
```

	1	lucky	87
0	2	peter	92
1	3	lili	85

图 4.8　默认读取

读取该文件的方法有两种，一种是通过 header 参数分配默认的标题行，如图 4.9 所示。

```
df = pd.read_csv(open('H:/python数据分析/数据/ch4ex3.csv'),header=None)
df
```

	0	1	2
0	1	lucky	87
1	2	peter	92
2	3	lili	85

图 4.9　默认标题行

另一种方法是通过 names 参数给其指定列名，如图 4.10 所示。

```
df = pd.read_csv(open('H:/python数据分析/数据/ch4ex3.csv'),names=['id','name','grade'])
df
```

	id	name	grade
0	1	lucky	87
1	2	peter	92
2	3	lili	85

图 4.10　指定标题行

3. 自定义读取

由于数据原因或者数据分析的需要，有时可能只需选择读取部分行或列。首先看一下数据情况，如图 4.11 所示。

```
!type H:\python数据分析\数据\ch4ex4.csv

#This is grade
id,name,grade
1,lucky,87
2,peter,92
3,lili,85
#time
```

图 4.11 数据情况

这时可通过 skiprows 参数跳过一些行，如图 4.12 所示。

```
df = pd.read_csv(open('H:/python数据分析/数据/ch4ex4.csv'),skiprows=[0,5])
df
```

	id	name	grade
0	1	lucky	87
1	2	peter	92
2	3	lili	85

图 4.12 跳过行

有时只需要读取部分数据，我们通过图 4.13 所示的数据，进行讲解。

```
!type H:\python数据分析\数据\titanic.csv

PassengerId,Survived,Pclass,Name,Sex,Age,SibSp,Parch,Ticket,Fare,Cabin,Embarked
1,0,3,"Braund, Mr. Owen Harris",male,22,1,0,A/5 21171,7.25,,S
2,1,1,"Cumings, Mrs. John Bradley (Florence Briggs Thayer)",female,38,1,0,PC 17599,71.2833,C85,C
3,1,3,"Heikkinen, Miss. Laina",female,26,0,0,STON/O2. 3101282,7.925,,S
4,1,1,"Futrelle, Mrs. Jacques Heath (Lily May Peel)",female,35,1,0,113803,53.1,C123,S
5,0,3,"Allen, Mr. William Henry",male,35,0,0,373450,8.05,,S
6,0,3,"Moran, Mr. James",male,,0,0,330877,8.4583,,Q
7,0,1,"McCarthy, Mr. Timothy J",male,54,0,0,17463,51.8625,E46,S
8,0,3,"Palsson, Master. Gosta Leonard",male,2,3,1,349909,21.075,,S
9,1,3,"Johnson, Mrs. Oscar W (Elisabeth Vilhelmina Berg)",female,27,0,2,347742,11.1333,,S
10,1,2,"Nasser, Mrs. Nicholas (Adele Achem)",female,14,1,0,237736,30.0708,,C
11,1,3,"Sandstrom, Miss. Marguerite Rut",female,4,1,1,PP 9549,16.7,G6,S
12,1,1,"Bonnell, Miss. Elizabeth",female,58,0,0,113783,26.55,C103,S
13,0,3,"Saundercock, Mr. William Henry",male,20,0,0,A/5. 2151,8.05,,S
14,0,3,"Andersson, Mr. Anders Johan",male,39,1,5,347082,31.275,,S
15,0,3,"Vestrom, Miss. Hulda Amanda Adolfina",female,2,3,1,350406,7.8542,,S
16,1,2,"Hewlett, Mrs. (Mary D Kingcome) ",female,55,0,0,248706,16,,S
17,0,3,"Rice, Master. Eugene",male,2,4,1,382652,29.125,,Q
18,1,2,"Williams, Mr. Charles Eugene",male,,0,0,244373,13,,S
```

图 4.13 数据情况

🔊**注意：** 该数据为 Kaggle 比赛中的泰坦尼克号生还者数据。

通过 nrows 参数，可以选择只读取部分数据，如图 4.14 所示。

```
df = pd.read_csv(open('H:/python数据分析/数据/titanic.csv'),nrows=10)
df
```

	PassengerId	Survived	Pclass	Name	Sex	Age	SibSp	Parch	Ticket	Fare	Cabin	Embarked
0	1	0	3	Braund, Mr. Owen Harris	male	22.0	1	0	A/5 21171	7.2500	NaN	S
1	2	1	1	Cumings, Mrs. John Bradley (Florence Briggs Th...	female	38.0	1	0	PC 17599	71.2833	C85	C
2	3	1	3	Heikkinen, Miss. Laina	female	26.0	0	0	STON/O2. 3101282	7.9250	NaN	S
3	4	1	1	Futrelle, Mrs. Jacques Heath (Lily May Peel)	female	35.0	1	0	113803	53.1000	C123	S
4	5	0	3	Allen, Mr. William Henry	male	35.0	0	0	373450	8.0500	NaN	S
5	6	0	3	Moran, Mr. James	male	NaN	0	0	330877	8.4583	NaN	Q
6	7	0	1	McCarthy, Mr. Timothy J	male	54.0	0	0	17463	51.8625	E46	S
7	8	0	3	Palsson, Master. Gosta Leonard	male	2.0	3	1	349909	21.0750	NaN	S
8	9	1	3	Johnson, Mrs. Oscar W (Elisabeth Vilhelmina Berg)	female	27.0	0	2	347742	11.1333	NaN	S
9	10	1	2	Nasser, Mrs. Nicholas (Adele Achem)	female	14.0	1	0	237736	30.0708	NaN	C

图 4.14　选择读取行数

如果只是为了研究生还者（Survived）和性别（Sex）之间的关系，可通过 usecols 参数进行部分列的选取，如图 4.15 所示。

```
df = pd.read_csv(open('H:/python数据分析/数据/titanic.csv'),nrows=10,usecols=['Survived','Sex'])
df
```

	Survived	Sex
0	0	male
1	1	female
2	1	female
3	1	female
4	0	male
5	0	male
6	0	male
7	0	male
8	1	female
9	1	female

图 4.15　读取部分列

在处理很大文件的时候，需要对文件进行逐块读取，首先通过 info 函数查看泰坦尼克号的生还者数据，共有 891 条数据，如图 4.16 所示。

注意：这里只是作为案例，891 条数据并不多。

通过 chunksize 参数，即可逐步读取文件，如图 4.17 所示。

```
df = pd.read_csv(open('H:/python数据分析/数据/titanic.csv'))
df.info()

<class 'pandas.core.frame.DataFrame'>
RangeIndex: 891 entries, 0 to 890
Data columns (total 12 columns):
PassengerId    891 non-null int64
Survived       891 non-null int64
Pclass         891 non-null int64
Name           891 non-null object
Sex            891 non-null object
Age            714 non-null float64
SibSp          891 non-null int64
Parch          891 non-null int64
Ticket         891 non-null object
Fare           891 non-null float64
Cabin          204 non-null object
Embarked       889 non-null object
dtypes: float64(2), int64(5), object(5)
memory usage: 83.6+ KB
```

图 4.16　数据信息

```
chunker = pd.read_csv(open('H:/python数据分析/数据/titanic.csv'),chunksize=100)
chunker

<pandas.io.parsers.TextFileReader at 0x83329e8>
```

图 4.17　逐块读取

这里返回的是可迭代的 TextFileReader。通过迭代，可以对 Sex 列进行计数，结果如图 4.18 所示。代码如下：

```
from pandas import Series
import pandas as pd
chunker = pd.read_csv(open('H:/python 数据分析/数据/titanic.csv'),
chunksize=100)
sex = Series([])
for i in chunker:
    sex = sex.add(i['Sex'].value_counts(),
    fill_value=0)
sex
```

```
male        577.0
female      314.0
dtype: float64
```

图 4.18　结果

read_csv 常用的参数说明如表 4.2 所示，更多 read_csv 参数的使用说明，读者可自行查阅 pandas 官方文档。

表 4.2　read_csv/read_table参数

参　数	使用说明
path	文件的路径
sep	字段隔开的字符序列，也可使用正则表达式
header	指定列索引。默认为 0（第 1 行），也可以为 None，或没有 header 行

（续）

参　　数	使用说明
index_col	用于行索引的列名或列编号
names	指定列索引的列名
skiprows	需要忽略的行数（从文件开始处算）
nrows	需要读取的行数（从文件开始处算）
chunksize	文件块的大小
usecols	指定读取的列

4.1.2　TXT 文件的读取

TXT 文件使用的分隔符可能并不是逗号，这里创建一个分隔符为“？”的 TXT 文档。代码如下：

```
fp = open('H:/python数据分析/数据/ch4ex6.txt','a+')
fp.writelines('id?name?grade'+'\n')
fp.writelines('1?lucky?87'+'\n')
fp.writelines('2?peter?92'+'\n')
fp.writelines('3?lili?85'+'\n')
fp.close()
```

创建的 TXT 文档如图 4.19 所示。

```
!type H:\python数据分析\数据\ch4ex6.txt

id?name?grade
1?lucky?87
2?peter?92
3?lili?85
```

图 4.19　数据情况

通过 read_table 函数中的 sep 参数进行分隔符的指定，如图 4.20 所示。

```
import pandas as pd
df = pd.read_table(open('H:/python数据分析/数据/ch4ex6.txt'),sep='?')
df
```

	id	name	grade
0	1	lucky	87
1	2	peter	92
2	3	lili	85

图 4.20　指定分隔符

现实情况中，有些 TXT 文件并没有固定的分隔符，而是用一些数量不定的空白符进行分隔。数据情况如图 4.21 所示。

```
!type H:\python数据分析\数据\ch4ex7.txt

id   name grade
1 lucky  87
2 peter     92
3  lili 85
```

图 4.21　数据情况

这种情况下也可以手动处理，但数据量过多时，手动处理就会很耗时。本例可通过正则表达式来处理，如图 4.22 所示。

```
df = pd.read_table(open('H:/python数据分析/数据/ch4ex7.txt'),sep='\s+')
df
```

	id	name	grade
0	1	lucky	87
1	2	peter	92
2	3	lili	85

图 4.22　正则表达式使用

注意：正则表达式的内容第 5 章会有详细介绍。

4.1.3　文本数据的存储

在对数据进行处理和分析之后，通常会把数据存储起来。下面以前面的一个 CSV 文件为例讲解数据存储的方法，CSV 文件数据如图 4.23 所示。

```
import pandas as pd
df = pd.read_csv(open('H:/python数据分析/数据/ch4ex1.csv'))
df
```

	id	name	grade
0	1	lucky	87
1	2	peter	92
2	3	lili	85

图 4.23　CSV 文件数据

利用 DataFrame 的 to_csv 方法，可以将数据存储到以逗号分隔的 CSV 文件中，如图 4.24 所示。

```
df.to_csv('H:/python数据分析/数据/out1.csv')
!type H:\python数据分析\数据\out1.csv

,id,name,grade
0,1,lucky,87
1,2,peter,92
2,3,lili,85
```

图 4.24　存储数据 1

也可以通过 sep 参数指定存储的分隔符，如图 4.25 所示。

```
df.to_csv('H:/python数据分析/数据/out2.csv',sep='?')
!type H:\python数据分析\数据\out2.csv

?id?name?grade
0?1?lucky?87
1?2?peter?92
2?3?lili?85
```

图 4.25　存储数据 2

这种情况下会存储行和列索引，我们可以通过设置 index 和 header 分别处理行和列索引，如图 4.26 所示。

```
df.to_csv('H:/python数据分析/数据/out3.csv',index=False)
!type H:\python数据分析\数据\out3.csv

id,name,grade
1,lucky,87
2,peter,92
3,lili,85
```

图 4.26　存储数据 3

4.2　JSON 和 Excel 数据的读取与存储

本节主要介绍通过 pandas 解析 JSON 和 Excel 数据的方法，并学会这两种常见数据的存储方法。

4.2.1　JSON 数据的读取与存储

JSON（Javascript Object Notation）数据是一种轻量级的数据交换格式，因其简洁和清晰的层次结构使 JSON 成为了理想的数据交换语言，如图 4.27 所示。

```
!type H:\python数据分析\数据\eueo2012.json
```


```
{"Team":{"0":"Croatia","1":"Czech Republic","2":"Denmark","3":"England","4":"France","5":"Germany","6":"Greece","7":"Italy","8":"Netherland
s","9":"Poland","10":"Portugal","11":"Republic of Ireland","12":"Russia","13":"Spain","14":"Sweden","15":"Ukraine"},"Goals":{"0":4,"1":
4,"2":4,"3":5,"4":3,"5":10,"6":5,"7":6,"8":2,"9":2,"10":6,"11":1,"12":5,"13":12,"14":5,"15":2},"Shots on target":{"0":13,"1":13,"2":10,"3":1
1,"4":22,"5":32,"6":8,"7":34,"8":12,"9":15,"10":22,"11":7,"12":9,"13":42,"14":17,"15":7},"Shots off target":{"0":12,"1":18,"2":10,"3":1
8,"4":24,"5":32,"6":18,"7":45,"8":36,"9":23,"10":42,"11":12,"12":31,"13":33,"14":19,"15":26},"Shooting Accuracy":{"0":"51.9%","1":"41.
9%","2":"50.0%","3":"50.0%","4":"37.9%","5":"47.8%","6":"30.7%","7":"43.0%","8":"25.0%","9":"39.4%","10":"34.3%","11":"36.8%","12":"22.
5%","13":"55.9%","14":"47.2%","15":"21.2%"},"% Goals-to-shots":{"0":"16.0%","1":"12.9%","2":"20.0%","3":"17.2%","4":"6.5%","5":"15.
6%","6":"19.2%","7":"7.5%","8":"4.1%","9":"5.2%","10":"9.3%","11":"5.2%","12":"12.5%","13":"16.0%","14":"13.8%","15":"6.0%"},"Total shots (i
nc. Blocked)":{"0":32,"1":39,"2":27,"3":40,"4":65,"5":80,"6":32,"7":110,"8":60,"9":48,"10":82,"11":28,"12":59,"13":100,"14":39,"15":38},"Hit
Woodwork":{"0":0,"1":0,"2":1,"3":0,"4":1,"5":2,"6":1,"7":2,"8":2,"9":0,"10":6,"11":0,"12":2,"13":0,"14":3,"15":0},"Penalty goals":{"0":
0,"1":0,"2":0,"3":0,"4":0,"5":1,"6":1,"7":0,"8":0,"9":0,"10":0,"11":0,"12":0,"13":1,"14":0,"15":0},"Penalties not scored":{"0":0,"1":0,"2":
0,"3":0,"4":0,"5":0,"6":1,"7":0,"8":0,"9":0,"10":0,"11":0,"12":0,"13":0,"14":0,"15":0},"Headed goals":{"0":2,"1":0,"2":3,"3":3,"4":0,"5":
2,"6":0,"7":2,"8":0,"9":1,"10":2,"11":1,"12":1,"13":2,"14":1,"15":2},"Passes":{"0":1076,"1":1565,"2":1298,"3":1488,"4":2066,"5":2774,"6":118
7,"7":3016,"8":1556,"9":1059,"10":1891,"11":851,"12":1602,"13":4317,"14":1192,"15":1276},"Passes completed":{"0":828,"1":1223,"2":1082,"3":1
200,"4":1803,"5":2427,"6":911,"7":2531,"8":1381,"9":852,"10":1461,"11":606,"12":1345,"13":3820,"14":965,"15":1043},"Passing Accuracy":
{"0":"76.9%","1":"78.1%","2":"83.3%","3":"80.6%","4":"87.2%","5":"87.4%","6":"76.7%","7":"83.9%","8":"88.7%","9":"80.4%","10":"77.2%","1
1":"71.2%","12":"83.9%","13":"88.4%","14":"80.9%","15":"81.7%"},"Touches":{"0":1706,"1":2358,"2":1873,"3":2440,"4":2909,"5":3761,"6":201
6,"7":4363,"8":2163,"9":1724,"10":2958,"11":1433,"12":2278,"13":5585,"14":1806,"15":1894},"Crosses":{"0":60,"1":46,"2":43,"3":58,"4":55,"5":
101,"6":52,"7":75,"8":50,"9":55,"10":91,"11":43,"12":40,"13":69,"14":44,"15":33},"Dribbles":{"0":42,"1":68,"2":32,"3":60,"4":76,"5":60,"6":5
3,"7":75,"8":49,"9":39,"10":64,"11":18,"12":40,"13":106,"14":29,"15":26},"Corners Taken":{"0":14,"1":21,"2":16,"3":16,"4":28,"5":35,"6":1
0,"7":30,"8":22,"9":14,"10":41,"11":8,"12":21,"13":44,"14":7,"15":18},"Tackles":{"0":49,"1":62,"2":40,"3":86,"4":71,"5":91,"6":65,"7":9
8,"8":34,"9":67,"10":78,"11":45,"12":65,"13":122,"14":56,"15":65},"Clearances":{"0":83,"1":98,"2":61,"3":106,"4":76,"5":73,"6":123,"7":13
7,"8":41,"9":87,"10":92,"11":78,"12":74,"13":102,"14":54,"15":97},"Interceptions":{"0":56,"1":37,"2":59,"3":72,"4":58,"5":69,"6":87,"7":13
6,"8":41,"9":62,"10":86,"11":43,"12":58,"13":79,"14":45,"15":29},"Clearances off line":{"0":null,"1":2.0,"2":0.0,"3":1.0,"4":0.0,"5":0.
0,"6":0.0,"7":1.0,"8":0.0,"9":0.0,"10":0.0,"11":1.0,"12":0.0,"13":0.0,"14":0.0,"15":0.0},"Clean Sheets":{"0":0,"1":1,"2":1,"3":2,"4":1,"5":
1,"6":1,"7":2,"8":0,"9":0,"10":2,"11":0,"12":0,"13":5,"14":1,"15":0},"Blocks":{"0":10,"1":10,"2":10,"3":29,"4":7,"5":11,"6":23,"7":18,"8":
9,"9":8,"10":11,"11":23,"12":8,"13":8,"14":12,"15":4},"Goals conceded":{"0":3,"1":6,"2":5,"3":3,"4":5,"5":6,"6":7,"7":7,"8":5,"9":3,"10":
```


图 4.27　JSON 数据

注意：该数据为 2012 欧洲杯比赛数据。

对于 JSON 数据，常使用两种方法来读取。一种是通过 Python 的第三方库 json，通过下面的代码可以将 JSON 数据转化为字符串格式，如图 4.28 所示。

```
import json
f = open('H:/python数据分析/数据/eueo2012.json')
obj = f.read()
result = json.loads(obj)
result
```

```
{'% Goals-to-shots': {'0': '16.0%',
  '1': '12.9%',
  '10': '9.3%',
  '11': '5.2%',
  '12': '12.5%',
  '13': '16.0%',
  '14': '13.8%',
  '15': '6.0%',
  '2': '20.0%',
  '3': '17.2%',
  '4': '6.5%',
  '5': '15.6%',
  '6': '19.2%',
  '7': '7.5%',
  '8': '4.1%',
  '9': '5.2%'},
 'Blocks': {'0': 10,
  '1': 10,
  '10': 11,
```

图 4.28　加载 JSON 数据

🔔**注意：**也可以通过 json.dumps 将字符串转换为 JSON 格式。

然后将数据输入 DataFrame 构造器，即可完成对 JSON 数据的读取，如图 4.29 所示。

```
from pandas import DataFrame
df = DataFrame(result)
df
```

	% Goals-to-shots	Blocks	Clean Sheets	Clearances	Clearances off line	Corners Taken	Crosses	Dribbles	Fouls Conceded	Fouls Won	...	Shooting Accuracy	Shots off target	Shots on target	Subs off	Subs on	Tackles
0	16.0%	10	0	83	NaN	14	60	42	62	41	...	51.9%	12	13	9	9	49
1	12.9%	10	1	98	2.0	21	46	68	73	53	...	41.9%	18	13	11	11	62
10	9.3%	11	2	92	0.0	41	91	64	90	73	...	34.3%	42	22	14	14	78
11	5.2%	23	0	78	1.0	8	43	18	51	43	...	36.8%	12	7	10	10	45
12	12.5%	8	0	74	0.0	21	40	40	43	34	...	22.5%	31	9	7	7	65
13	16.0%	8	5	102	0.0	44	69	106	83	102	...	55.9%	33	42	17	17	122
14	13.8%	12	1	54	0.0	7	44	29	51	35	...	47.2%	19	17	9	9	56
15	6.0%	4	0	97	0.0	18	33	26	31	48	...	21.2%	26	7	9	9	65
2	20.0%	10	1	61	0.0	16	43	32	38	25	...	50.0%	10	10	7	7	40
3	17.2%	29	2	106	1.0	16	58	60	45	43	...	50.0%	18	11	11	11	86

图 4.29　构造 DataFrame

🔔**注意：**由于数据类似字典结构，因此读取时会乱序。

另一种方法则是直接通过 read_json 函数来读取 JSON 数据，如图 4.30 所示。

```
import pandas as pd
df = pd.read_json('H:/python数据分析/数据/eueo2012.json')
df
```

	% Goals-to-shots	Blocks	Clean Sheets	Clearances	Clearances off line	Corners Taken	Crosses	Dribbles	Fouls Conceded	Fouls Won	...	Shooting Accuracy	Shots off target	Shots on target	Subs off	Subs on	Tackles
0	16.0%	10	0	83	NaN	14	60	42	62	41	...	51.9%	12	13	9	9	49
1	12.9%	10	1	98	2.0	21	46	68	73	53	...	41.9%	18	13	11	11	62
10	9.3%	11	2	92	0.0	41	91	64	90	73	...	34.3%	42	22	14	14	78
11	5.2%	23	0	78	1.0	8	43	18	51	43	...	36.8%	12	7	10	10	45
12	12.5%	8	0	74	0.0	21	40	40	43	34	...	22.5%	31	9	7	7	65
13	16.0%	8	5	102	0.0	44	69	106	83	102	...	55.9%	33	42	17	17	122
14	13.8%	12	1	54	0.0	7	44	29	51	35	...	47.2%	19	17	9	9	56
15	6.0%	4	0	97	0.0	18	33	26	31	48	...	21.2%	26	7	9	9	65
2	20.0%	10	1	61	0.0	16	43	32	38	25	...	50.0%	10	10	7	7	40
3	17.2%	29	2	106	1.0	16	58	60	45	43	...	50.0%	18	11	11	11	86

图 4.30　读取 JSON 数据

由于读取时会乱序，这里重新对行索引进行排序，如图 4.31 所示。

```
df = df.sort_index()
df
```

	% Goals-to-shots	Blocks	Clean Sheets	Clearances	Clearances off line	Corners Taken	Crosses	Dribbles	Fouls Conceded	Fouls Won	...	Shooting Accuracy	Shots off target	Shots on target	Subs off	Subs on	Tackles
0	16.0%	10	0	83	NaN	14	60	42	62	41	...	51.9%	12	13	9	9	49
1	12.9%	10	1	98	2.0	21	46	68	73	53	...	41.9%	18	13	11	11	62
2	20.0%	10	1	61	0.0	16	43	32	38	25	...	50.0%	10	10	7	7	40
3	17.2%	29	2	106	1.0	16	58	60	45	43	...	50.0%	18	11	11	11	86
4	6.5%	7	1	76	0.0	28	55	76	51	36	...	37.9%	24	22	11	11	71
5	15.6%	11	1	73	0.0	35	101	60	49	63	...	47.8%	32	32	15	15	91
6	19.2%	23	1	123	0.0	10	52	53	48	67	...	30.7%	18	8	12	12	65
7	7.5%	18	2	137	1.0	30	75	75	89	101	...	43.0%	45	34	18	18	98
8	4.1%	9	0	41	0.0	22	50	49	30	35	...	25.0%	36	12	7	7	34
9	5.2%	8	0	87	0.0	14	55	39	56	48	...	39.4%	23	15	7	7	67
10	9.3%	11	2	92	0.0	41	91	64	90	73	...	34.3%	42	22	14	14	78
11	5.2%	23	0	78	1.0	8	43	18	51	43	...	36.8%	12	7	10	10	45

图 4.31　重新排序

最后使用 to_json 函数对 DataFrame 数据进行相应的存储，如图 4.32 所示。

```
df.to_json('H:/python数据分析/数据/out4.json')
!type H:\python数据分析\数据\out4.json
```

{"% Goals-to-shots":{"0":"16.0%","1":"12.9%","2":"20.0%","3":"17.2%","4":"6.5%","5":"15.6%","6":"19.2%","7":"7.5%","8":"4.1%","9":"5.2%","1
0":"9.3%","11":"5.2%","12":"12.5%","13":"16.0%","14":"13.8%","15":"6.0%"},"Blocks":{"0":10,"1":10,"2":10,"3":29,"4":7,"5":11,"6":23,"7":1
8,"8":9,"9":8,"10":11,"11":23,"12":8,"13":8,"14":12,"15":4},"Clean Sheets":{"0":0,"1":1,"2":1,"3":2,"4":1,"5":1,"6":1,"7":2,"8":0,"9":0,"1
0":2,"11":0,"12":0,"13":5,"14":1,"15":0},"Clearances":{"0":83,"1":98,"2":61,"3":106,"4":76,"5":73,"6":123,"7":137,"8":41,"9":87,"10":92,"1
1":78,"12":74,"13":102,"14":54,"15":97},"Clearances off line":{"0":null,"1":2.0,"2":0.0,"3":1.0,"4":0.0,"5":0.0,"6":0.0,"7":1.0,"8":0.0,"9":
0.0,"10":0.0,"11":1.0,"12":0.0,"13":0.0,"14":0.0,"15":0.0},"Corners Taken":{"0":14,"1":21,"2":16,"3":16,"4":28,"5":35,"6":10,"7":30,"8":2
2,"9":14,"10":41,"11":8,"12":21,"13":44,"14":7,"15":18},"Crosses":{"0":60,"1":46,"2":43,"3":58,"4":55,"5":101,"6":52,"7":75,"8":50,"9":55,"1
0":91,"11":43,"12":40,"13":69,"14":44,"15":33},"Dribbles":{"0":42,"1":68,"2":32,"3":60,"4":76,"5":60,"6":53,"7":75,"8":49,"9":39,"10":64,"1
1":18,"12":40,"13":106,"14":29,"15":26},"Fouls Conceded":{"0":62,"1":73,"2":38,"3":45,"4":51,"5":49,"6":48,"7":89,"8":30,"9":56,"10":90,"1
1":51,"12":43,"13":83,"14":51,"15":31},"Fouls Won":{"0":41,"1":53,"2":25,"3":43,"4":36,"5":63,"6":67,"7":101,"8":35,"9":48,"10":73,"11":4
3,"12":34,"13":102,"14":35,"15":48},"Goals":{"0":4,"1":4,"2":4,"3":5,"4":3,"5":10,"6":5,"7":6,"8":2,"9":2,"10":6,"11":1,"12":5,"13":12,"14":
5,"15":2},"Goals conceded":{"0":3,"1":6,"2":5,"3":3,"4":5,"5":6,"6":7,"7":7,"8":5,"9":3,"10":4,"11":9,"12":3,"13":1,"14":5,"15":4},"Headed g
oals":{"0":2,"1":0,"2":3,"3":3,"4":0,"5":2,"6":0,"7":2,"8":0,"9":1,"10":2,"11":1,"12":1,"13":2,"14":1,"15":2},"Hit Woodwork":{"0":0,"1":
0,"2":1,"3":0,"4":1,"5":2,"6":1,"7":2,"8":2,"9":0,"10":6,"11":0,"12":2,"13":0,"14":3,"15":0},"Interceptions":{"0":56,"1":37,"2":59,"3":7
2,"4":58,"5":69,"6":87,"7":136,"8":41,"9":62,"10":86,"11":43,"12":58,"13":79,"14":45,"15":29},"Offsides":{"0":2,"1":8,"2":8,"3":6,"4":5,"5":

图 4.32　JSON 数据存储

4.2.2　Excel 数据的读取与存储

Excel 表格数据也是工作中常用的一种数据，读者应该对其并不陌生。我们可以通过 read_excel 和 to_excel 函数对 Excel 数据进行读取和存储。首先创建一个 Excel 数据，如图 4.33 所示。

通过 read_excel 函数读取数据，可通过参数 sheetname 指定读取的工作簿，如图 4.34 所示。

通过 to_excel 函数将 DataFrame 文件存储为 Excel 数据类型，如图 4.35 所示。代码如下：

```
df.to_excel('H:/python 数据分析/数据/out5.xlsx',sheet_name='out',
index=None)
```

图 4.33　数据情况

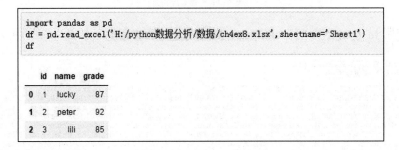

图 4.34　读取 Excel 文件

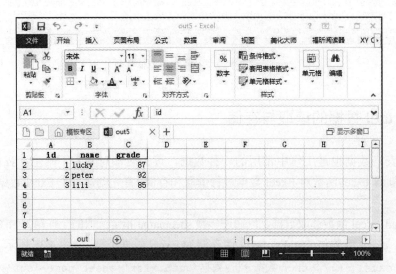

图 4.35　存储为 Excel 数据类型

4.3　数据库的读取与存储

在许多工作应用中，常使用的文件来源于数据库。本节主要介绍如何通过 Python 连接并操作 MySQL 数据库，以及 pandas 解析 MySQL 数据库的方法，并使读者学会 MySQL 数据库的存储方法。

4.3.1　连接数据库

MySQL 是目前最受欢迎的开源关系型数据库。我们可以通过 Python 进行 MySQL 数据库的连接和使用，但是需要安装第三方库 PyMySQL。可以通过 conda 命令来安装，如图 4.36 所示。

```
conda install pymysql
```

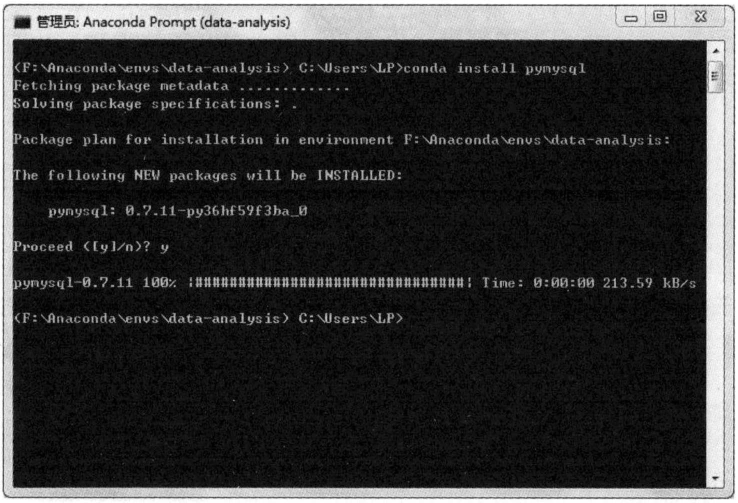

图 4.36　安装 PyMySQL 库

通过下面的代码可连接到本地的 MySQL 数据库。

```
import pymysql
conn = pymysql.connect(
    host='localhost',
    user='root',
    passwd='123456',
    db='mydb',
    port=3306,
    charset='utf8')
```

连接数据库后，可通过 PyMySQL 库来操作数据库，如建表、增、删、改和查等操作。

首先通过以下代码新建一个样表。

```
01  import pymysql
02  conn = pymysql.connect(
03      host='localhost',
04      user='root',
05      passwd='123456',
06      db='mydb',
07      port=3306,
08      charset='utf8')                  #连接数据库
09  cursor = conn.cursor()               #创建游标
10  creat = '''
11  CREATE TABLE ch4ex9 (
12      id int,
13      name char(8),
14      grade int
15  )ENGINE INNODB DEFAULT CHARSET=utf8;'''
16  cursor.execute(creat)                #执行命令
17  conn.commit()                        #完成命令
```

第 1 行导入 PyMySQL 库；第 2～8 行用于连接 MySQL 数据库，conn 为连接对象；第 9 行中的 cursor 为光标对象，用于操作 MySQL 数据库；第 10～16 行执行创建表的命令；最后通过 commit 命令完成建表的操作。

接下来插入几行数据，代码如下：

```
cursor.execute("insert into ch4ex9 (id,name,grade) values(%s,%s,%s)",
(1,'luchy',87))
cursor.execute("insert into ch4ex9 (id,name,grade) values(%s,%s,%s)",
(2,'peter',92))
cursor.execute("insert into ch4ex9 (id,name,grade) values(%s,%s,%s)",
(3,'lili',85))
conn.commit()
cursor.close()                          #关闭游标
conn.close()                            #关闭连接
```

新建的表如图 4.37 所示。

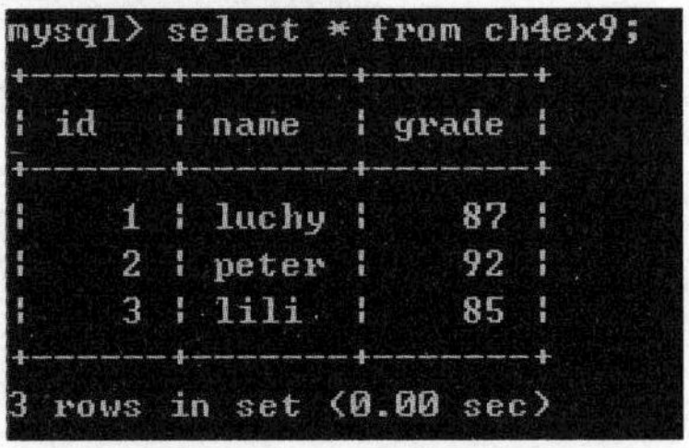

图 4.37　数据情况

4.3.2　读取数据库

这里为读者提供两种方法来读取 MySQL 数据。一种是通过 PyMySQL 库读取数据库，然后传入到 DataFrame 构造器中；另一种是直接使用 read_sql 函数进行数据的读取。

首先介绍第一种方法。先通过 PyMySQL 库读取数据：

```
from pandas import DataFrame
import pymysql
conn = pymysql.connect(
    host='localhost',
    user='root',
    passwd='123456',
    db='mydb',
    port=3306,
```

```
    charset='utf8')
cursor = conn.cursor()
rows = cursor.execute('select * from ch4ex9')
rows
```

结果为 3，说明有 3 行数据。通过游标的 fetchall 方法，取得所有数据，如图 4.38 所示。

```
data = cursor.fetchall()
data

((1, 'luchy', 87), (2, 'peter', 92), (3, 'lili', 85))
```

图 4.38　获取数据

然后把这个元组列表化后传给 DataFrame 构造器，如图 4.39 所示。

```
from pandas import DataFrame
import pandas as pd
df = DataFrame(list(data))
df
```

	0	1	2
0	1	luchy	87
1	2	peter	92
2	3	lili	85

图 4.39　构造 DataFrame

另一种方法则是直接通过 read_sql 函数读取 MySQL 数据，如图 4.40 所示。

```
import pandas as pd
import pymysql
conn = pymysql.connect(
    host='localhost',
    user='root',
    passwd='123456',
    db='mydb',
    port=3306,
    charset='utf8')
df = pd.read_sql('select * from ch4ex9',conn)
df
```

	id	name	grade
0	1	luchy	87
1	2	peter	92
2	3	lili	85

图 4.40　读取 MySQL 数据

4.3.3 存储数据库

通过 to_sql 函数实现 DataFrame 数据存储为 MySQL 数据，首先查看 to_sql 的参数：

```
df.to_sql(name, con, flavor=None, schema=None, if_exists='fail', index=True,
index_label=None, chunksize=None, dtype=None)
```

其中：

- name 参数为存储的表名；
- con 参数为连接的数据库；
- if_exists 参数用于判断是否有重复表名。其中，fail 表示如果有重复表名，就不保存；replace 表示替换重复表名；append 表示在该表中继续插入数据。

注意： 新版 pandas 中，con 参数不能使用 pymysql 连接数据库。

使用下面代码完成数据库的存储，结果如图 4.41 所示。

```
df.to_sql(name='out6',con='mysql+pymysql://root:123456@localhost:3306/
mydb?charset=utf8',if_exists='replace',index=False)
```

注意： con 参数是固定写法，读者记住即可。

```
mysql> select * from out6;
+------+-------+-------+
| id   | name  | grade |
+------+-------+-------+
|    1 | luchy |    87 |
|    2 | peter |    92 |
|    3 | lili  |    85 |
+------+-------+-------+
3 rows in set (0.00 sec)
```

图 4.41　存储数据

4.4 Web 数据的读取

互联网时代，网络上每天都会产生大量的非结构化数据，如何从这些非结构化数据中提取有效的信息进行分析呢？本节将介绍如何使用 pandas 读取 HTML 表格中的数据，以及网络数据读取的简单思路。

4.4.1 读取 HTML 表格

对于 HTML 网页中的表格数据，使用 pandas 中的 read_html 函数就可以轻松地获取，如图 4.42 所示为 2014 年世界杯的赛程数据（http://worldcup.2014.163.com/schedule/）。

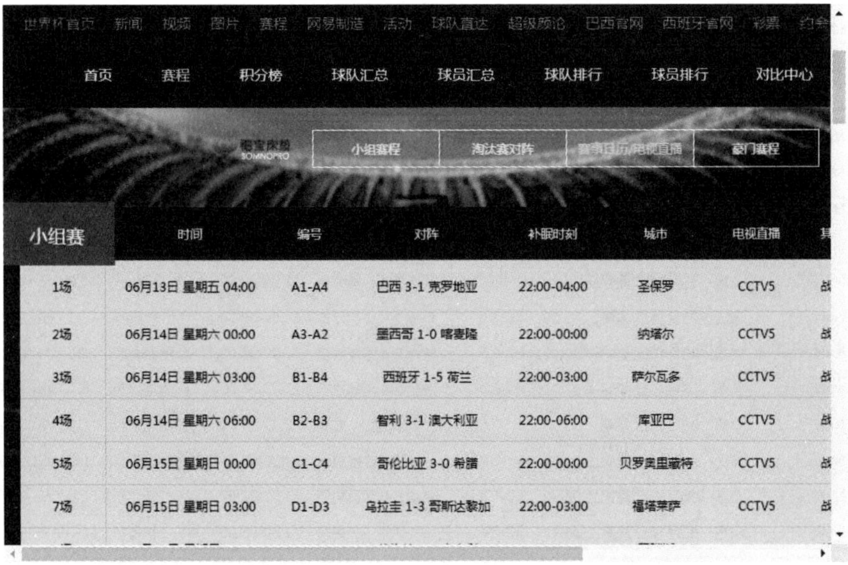

图 4.42　HTML 表格

可以通过 read_html 函数来读取这些数据，如图 4.43 所示。

图 4.43　读取 HTML 表格 1

从图 4.43 中可以看出，返回的结果是列表结构，每个元素相当于一个表格数据，通过 df[0]可读取第一个表格数据，如图 4.44 所示。

注意：读取时可能会出现一些小问题，读者可以自行修改。

	Unnamed: 0	Unnamed: 1	时间	编号	对阵	补眠时刻	城市	电视直播	其他
0	NaN	1场	06月13日 星期五 04:00	A1-A4	巴西 3-1 克罗地亚	22:00-04:00	圣保罗	CCTV5	战报
1	NaN	2场	06月14日 星期六 00:00	A3-A2	墨西哥 1-0 喀麦隆	22:00-00:00	纳塔尔	CCTV5	战报
2	NaN	3场	06月14日 星期六 03:00	B1-B4	西班牙 1-5 荷兰	22:00-03:00	萨尔瓦多	CCTV5	战报
3	NaN	4场	06月14日 星期六 06:00	B2-B3	智利 3-1 澳大利亚	22:00-06:00	库亚巴	CCTV5	战报
4	NaN	5场	06月15日 星期日 00:00	C1-C4	哥伦比亚 3-0 希腊	22:00-00:00	贝罗奥里藏特	CCTV5	战报
5	NaN	7场	06月15日 星期日 03:00	D1-D3	乌拉圭 1-3 哥斯达黎加	22:00-03:00	福塔莱萨	CCTV5	战报
6	NaN	8场	06月15日 星期日 06:00	D2-D4	英格兰 1-2 意大利	22:00-06:00	玛瑙斯	CCTV5	战报
7	NaN	6场	06月15日 星期日 09:00	C2-C3	科特迪瓦 2-1 日本	22:00-09:00	累西腓	CCTV5	战报
8	NaN	9场	06月16日 星期一 00:00	E1-E2	瑞士 2-1 厄瓜多尔	22:00-00:00	巴西利亚	CCTV5	战报
9	NaN	10场	06月16日 星期一 03:00	E4-E3	法国 3-0 洪都拉斯	22:00-03:00	阿雷格里港	CCTV5	战报
10	NaN	11场	06月16日 星期一 06:00	F1-F4	阿根廷 2-1 波黑	22:00-06:00	里约热内卢	CCTV5	战报
11	NaN	13场	06月17日 星期二 00:00	G1-G4	德国 4-0 葡萄牙	22:00-00:00	萨尔瓦多	CCTV5	战报
12	NaN	12场	06月17日 星期二 03:00	F3-F2	伊朗 0-0 尼日利亚	22:00-03:00	库亚巴	CCTV5	战报
13	NaN	14场	06月17日 星期二 06:00	G2-G3	加纳 1-2 美国	22:00-06:00	纳塔尔	CCTV5	战报

图 4.44　读取 HTML 表格 2

4.4.2　网络爬虫

并非所有的网络数据都存储在 HTML 表格中，这时就需要通过网络爬虫来获取所需数据了，而 Python 提供了多种好用的第三方库来实现网络爬虫。因本书并不是一本教读者网络爬虫的书籍，因此这里只是提供读者网络爬虫到存储为 DataFrame 数据格式的过程和思路。

其实思路很简单，对爬虫过后的数据简单处理为 DataFrame 构造器可识别的数据类型即可。下面以酷狗榜单中酷狗 TOP500 的音乐信息为例（http://www.kugou.com/yy/rank/home/1-8888.html），爬取内容如图 4.45 所示。

爬取代码如下：

```
01  import requests
02  from bs4 import BeautifulSoup          #导入相应的库文件
03  data = []
04  wb_data = requests.get('http://www.kugou.com/yy/rank/home/1-8888.html')
05  soup = BeautifulSoup(wb_data.text,'lxml')
06  ranks = soup.select('span.pc_temp_num')
07  titles = soup.select('div.pc_temp_songlist > ul > li > a')
08  times = soup.select('span.pc_temp_tips_r > span')
09  for rank,title,time in zip(ranks,titles,times):
10      a = {
11          'rank':rank.get_text().strip(),
12          'singer':title.get_text().split('-')[0],
```

```
13          'song':title.get_text().split('-')[1],
14          'time':time.get_text().strip()
15      }
16      data.append(a)                              #爬取数据
17  data
```

图 4.45　爬取内容

注意：关于爬虫代码这里不做过多解释，读者主要明白读取网络数据的思路即可。

结果如图 4.46 所示，该数据类型可传入到 DataFrame 构造器中。

```
[{'rank': '1', 'singer': '大壮', 'song': '我们不一样', 'time': '4:31'},
{'rank': '2', 'singer': '张北北', 'song': '拥抱你离去', 'time': '4:02'},
{'rank': '3', 'singer': '杨宗纬、张碧晨', 'song': '凉凉', 'time': '5:33'},
{'rank': '4', 'singer': '赵雷', 'song': '成都', 'time': '5:28'},
{'rank': '5', 'singer': '校长', 'song': '带你去旅行', 'time': '3:46'},
{'rank': '6', 'singer': '金志文、徐佳莹', 'song': '远走高飞', 'time': '3:55'},
{'rank': '7', 'singer': '秋裤大叔', 'song': '一晃就老了', 'time': '4:15'},
{'rank': '8', 'singer': '毛不易', 'song': '消愁 (Live)', 'time': '2:59'},
{'rank': '9', 'singer': '岑宁儿', 'song': '追光者', 'time': '3:55'},
{'rank': '10', 'singer': '毛不易', 'song': '像我这样的人 (Live)', 'time': '2:51'},
{'rank': '11', 'singer': 'PRC 巴音汗', 'song': '80000 !', 'time': '1:48'},
{'rank': '12', 'singer': '白小白', 'song': '最美情侣', 'time': '4:02'},
{'rank': '13', 'singer': 'CG', 'song': '文爱', 'time': '3:20'},
{'rank': '14', 'singer': '李玉刚', 'song': '刚好遇见你', 'time': '3:19'},
{'rank': '15', 'singer': '贺敬轩', 'song': '罗曼蒂克的爱情', 'time': '3:29'},
{'rank': '16', 'singer': 'Alan Walker', 'song': 'Faded', 'time': '3:33'},
{'rank': '17', 'singer': '王建房', 'song': '在人间', 'time': '3:54'},
{'rank': '18', 'singer': 'Matteo', 'song': 'Panama', 'time': '3:20'},
{'rank': '19', 'singer': '金志文', 'song': '远走高飞', 'time': '4:01'},
{'rank': '20', 'singer': 'Beyond', 'song': '不再犹豫', 'time': '4:12'},
{'rank': '21', 'singer': '周杰伦', 'song': '告白气球', 'time': '3:36'},
{'rank': '22', 'singer': '黑龙', 'song': '盗心贼', 'time': '3:34'}]
```

图 4.46　爬取数据

把爬取的数据传给 DataFrame 构造器，如图 4.47 所示。

```
from pandas import DataFrame
df = DataFrame(data)
df
```

	rank	singer	song	time
0	1	大壮	我们不一样	4:31
1	2	张北北	拥抱你离去	4:02
2	3	杨宗纬、张碧晨	凉凉	5:33
3	4	赵雷	成都	5:28
4	5	校长	带你去旅行	3:46
5	6	金志文、徐佳莹	远走高飞	3:55
6	7	秋裤大叔	一晃就老了	4:15
7	8	毛不易	消愁 (Live)	2:59
8	9	岑宁儿	追光者	3:55
9	10	毛不易	像我这样的人 (Live)	2:51
10	11	PRC 巴音汗	80000！	1:48
11	12	白小白	最美情侣	4:02
12	13	CG	文爱	3:20
13	14	李玉刚	刚好遇见你	3:19

图 4.47　DataFrame 数据

第 5 章　数据清洗与整理

有效的数据是进行数据分析的依据，因此在数据分析中，数据的处理往往需要花费 70%的时间，可见数据处理的重要性。本章将讲解在 pandas 中如何进行多数据清洗和处理，并介绍针对多源数据的合并和连接，以及数据的重塑等内容，最后通过一个综合示例，让读者学会数据分析中的数据清洗方法。

下面给出本章涉及的知识点与学习目标。

- pandas 数据清洗：学会常见的数据清洗方法。
- 数据合并：学会多源数据的合并和连接。
- 数据重塑：针对层次化索引，学会 stack 和 unstack 的使用。
- 字符串处理：学会 DataFrame 中字符串函数的使用。

5.1　数据清洗

现实中通过各种方式收集到的数据都是"肮脏"的。本节将着重讲解数据清洗的工作，如缺失值的处理、重复数据的处理及如何替代值等具体操作。

5.1.1　处理缺失值

有时由于设备原因（设备故障或无法存入数据等）或人为原因（没有录入或故意隐藏数据等），我们获取的部分数据可能是缺失值。这些缺失值对于数据分析而言是没有任何意义的，需要通过程序处理掉这些缺失值，以便下一步分析。

1. 侦查缺失值

通过人工查看 DataFrame 数据是否有缺失值的方法是很低效的。尤其当数据量大时，人工查看很耗时间。通过 isnull 和 notnull 方法，可以返回布尔值的对象，如图 5.1 和图 5.2 所示。

这时通过求和可以获取每列的缺失值数量，再通过求和就可以获取整个 DataFrame 的缺失值数量，如图 5.3 所示。

```
from pandas import Series,DataFrame
import pandas as pd
import numpy as np

df1 = DataFrame([[3,5,3],[1,6,np.nan],
                ['lili',np.nan,'pop'],[np.nan,'a','b']])
df1
```

	0	1	2
0	3	5	3
1	1	6	NaN
2	lili	NaN	pop
3	NaN	a	b

图 5.1　创建有缺失值的 DataFrame

```
df1.isnull()    #True的为缺失值
```

	0	1	2
0	False	False	False
1	False	False	True
2	False	True	False
3	True	False	False

```
df1.notnull()    #False为缺失值
```

	0	1	2
0	True	True	True
1	True	True	False
2	True	False	True
3	False	True	True

图 5.2　查看缺失值

通过 info 方法，也可以看出 DataFrame 每列数据的缺失值情况，如图 5.4 所示。

```
df1.isnull().sum()

0    1
1    1
2    1
dtype: int64
```

```
df1.isnull().sum().sum()

3
```

图 5.3　缺失值计数

```
df1.info()

<class 'pandas.core.frame.DataFrame'>
RangeIndex: 4 entries, 0 to 3
Data columns (total 3 columns):
0    3 non-null object
1    3 non-null object
2    3 non-null object
dtypes: object(3)
memory usage: 176.0+ bytes
```

图 5.4　通过 info 方法查看缺失值

2. 删除缺失值

在缺失值的处理方法中，删除缺失值是常用的方法之一。通过 dropna 方法可以删除具有缺失值的行，如图 5.5 所示。

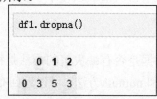

```
df1.dropna()
```

	0	1	2
0	3	5	3

图 5.5　删除缺失值行

传入 how='all'，则只会删除全为 NaN 的那些行，如图 5.6 所示。

```
df2 = DataFrame(np.arange(12).reshape(3,4))
df2
```

	0	1	2	3
0	0	1	2	3
1	4	5	6	7
2	8	9	10	11

```
df2.ix[2,:] = np.nan
df2[3] = np.nan
df2
```

	0	1	2	3
0	0.0	1.0	2.0	NaN
1	4.0	5.0	6.0	NaN
2	NaN	NaN	NaN	NaN

```
df2.dropna(how='all')
```

	0	1	2	3
0	0.0	1.0	2.0	NaN
1	4.0	5.0	6.0	NaN

图 5.6　删除全为 NaN 的行

如果需要删除列，则指定轴方向即可，如图 5.7 所示。

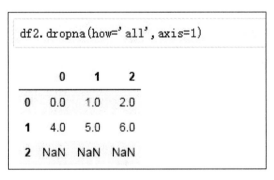

```
df2.dropna(how='all',axis=1)
```

	0	1	2
0	0.0	1.0	2.0
1	4.0	5.0	6.0
2	NaN	NaN	NaN

图 5.7　删除全为 NaN 的列

3．填充缺失值

当数据量不够或许其他部分信息很重要的时候，就不能删除数据了，这时就需要对缺失值进行填充。通过 fillna 方法可以将缺失值替换为常数值，如图 5.8 所示。

```
df2
```

	0	1	2	3
0	0.0	1.0	2.0	NaN
1	4.0	5.0	6.0	NaN
2	NaN	NaN	NaN	NaN

```
df2.fillna(0)
```

	0	1	2	3
0	0.0	1.0	2.0	0.0
1	4.0	5.0	6.0	0.0
2	0.0	0.0	0.0	0.0

图 5.8　填充缺失值

在 fillna 中传入字典结构数据，可以针对不同列填充不同的值，fillna 返回的是新对象，不会对原数据进行修改，可通过 inplace 就地进行修改，如图 5.9 所示。

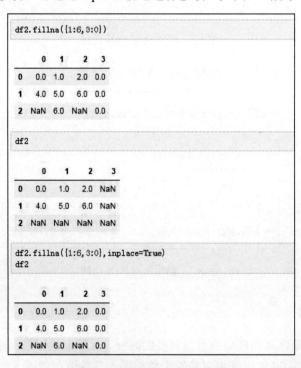

图 5.9　针对不同列填充不同值

对重新索引（reindex）中填充缺失值的方法同样适用于 fillna 中，如图 5.10 所示。也可以通过平均值等作为填充数，具体操作如图 5.11 所示。

```
df2

     0    1    2    3
0  0.0  1.0  2.0  0.0
1  4.0  5.0  6.0  0.0
2  NaN  6.0  NaN  0.0
```

```
df2.fillna(method='ffill')

     0    1    2    3
0  0.0  1.0  2.0  0.0
1  4.0  5.0  6.0  0.0
2  4.0  6.0  6.0  0.0
```

```
df2[0] = df2[0].fillna(df2[0].mean())
df2

     0    1    2    3
0  0.0  1.0  2.0  0.0
1  4.0  5.0  6.0  0.0
2  2.0  6.0  NaN  0.0
```

图 5.10　填充方法 图 5.11　填充平均值

对于 fillna 的参数，可以通过"？"进行帮助查询，这也是自我学习最好的方法，如图 5.12 所示。

```
In [32]: df2.fillna?

In [ ]:

Signature: df2.fillna(value=None, method=None, axis=None, inplace=False, limit=None, downcast=None, **kwargs)
Docstring:
Fill NA/NaN values using the specified method

Parameters
----------
value : scalar, dict, Series, or DataFrame
    Value to use to fill holes (e.g. 0), alternately a
    dict/Series/DataFrame of values specifying which value to use for
    each index (for a Series) or column (for a DataFrame). (values not
    in the dict/Series/DataFrame will not be filled). This value cannot
    be a list.
method : {'backfill', 'bfill', 'pad', 'ffill', None}, default None
    Method to use for filling holes in reindexed Series
    pad / ffill: propagate last valid observation forward to next valid
    backfill / bfill: use NEXT valid observation to fill gap
axis : {0 or 'index', 1 or 'columns'}
```

图 5.12　查看帮助

5.1.2　移除重复数据

在爬取的数据中往往会出现重复数据，对于重复数据保留一份即可，其余的可做移除处理。在 DataFrame 中，通过 duplicated 方法判断各行是否有重复数据，如图 5.13 所示。

```
data = {
    'name':['张三', '李四', '张三', '小明'],
    'sex':['female', 'male', 'female', 'male'],
    'year':[2001, 2002, 2001, 2002],
    'city':['北京', '上海', '北京', '北京']
}
df1 = DataFrame(data)
df1
```

	city	name	sex	year
0	北京	张三	female	2001
1	上海	李四	male	2002
2	北京	张三	female	2001
3	北京	小明	male	2002

```
df1.duplicated()
```

```
0    False
1    False
2     True
3    False
dtype: bool
```

图 5.13　查看重复值

通过 drop_duplicates 方法，可以删除多余的重复项，如图 5.14 所示。

在这种情况下，当每行的每个字段都相同时才会判断为重复项。当然，也可以通过指定部分列作为判断重复项的依据，如图 5.15 所示。

```
df1.drop_duplicates()
```

	city	name	sex	year
0	北京	张三	female	2001
1	上海	李四	male	2002
3	北京	小明	male	2002

图 5.14　删除重复项

```
df1.drop_duplicates(['sex','year'])
```

	city	name	sex	year
0	北京	张三	female	2001
1	上海	李四	male	2002

图 5.15　指定部分列

通过结果可看出，保留的数据为第一个出现的组合。传入 keep='last'可以保留最后一个出现的组合，如图 5.16 所示。

```
df1.drop_duplicates(['sex','year'],keep='last')
```

	city	name	sex	year
2	北京	张三	female	2001
3	北京	小明	male	2002

图 5.16　保留最后出现的组合

5.1.3　替换值

替换值类似于 Excel 中的替换功能，是对查询到的数据替换为相应的数据。在 pandas 中，通过 replace 可完成替换值的功能，如图 5.17 所示。

也可以同时针对不同值进行多值替换，参数传入方式可以是列表也可以是字典格式，如图 5.18 所示。

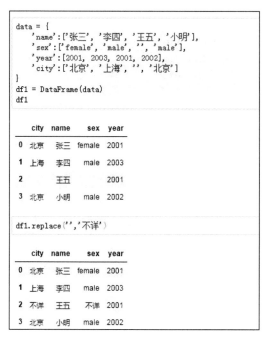

图 5.17　替换值　　　　　图 5.18　多值替换

5.1.4　利用函数或映射进行数据转换

在第 3 章中曾讲过函数应用和映射内容，本节将通过例子来讲解函数和映射在数据处理中的使用情况。如图 5.19 所示为某个班级学生的数学成绩表，我们定义一个等级情况：分数在 90～100 之间为优秀；分数在 70～89 之间为良好；分数在 60～69 之间为合格，分数低于 60 分为不合格。在 Excel 中，通过 if 函数去实现分数等级的划分，在 pandas 中定义好函数，通过 map 方法也可以实现同样的效果，如图 5.20 所示。

⚐注意：对于一列数据的转换，也可以通过 apply 函数来实现。

```
data = {
    'name':['张三', '李四', '王五', '小明'],
    'math':[79, 52, 63, 92]
}
df2 = DataFrame(data)
df2
```

	math	name
0	79	张三
1	52	李四
2	63	王五
3	92	小明

图 5.19　数学成绩

```
def f(x):
    if x >= 90:
        return '优秀'
    elif 70<=x<90:
        return '良好'
    elif 60<=x<70:
        return '合格'
    else:
        return '不合格'

df2['class'] = df2['math'].map(f)
df2
```

	math	name	class
0	79	张三	良好
1	52	李四	不合格
2	63	王五	合格
3	92	小明	优秀

图 5.20　函数应用

5.1.5　检测异常值

设备故障和人为操作失误都会产生异常值，在数据分析中，通常会通过一些可视化的方法去找离群点，这些离群点可能就是异常值。但初学者一定要注意：并非所有的离群点都是异常值，需要根据业务常识等辅助经验进行判断。如图 5.21 和图 5.22 所示，查找的离群点可能是因为人为原因将小数点输错了，从而导致的异常点。

```
df3 = DataFrame(np.arange(10), columns=['X'])
df3['Y'] = 2 * df3['X'] + 0.5
df3.iloc[9,1] = 185
df3
```

	X	Y
0	0	0.5
1	1	2.5
2	2	4.5
3	3	6.5
4	4	8.5
5	5	10.5
6	6	12.5
7	7	14.5
8	8	16.5
9	9	185.0

```
df3.plot(kind='scatter', x='X', y='Y')
```

图 5.21　DataFrame 数据

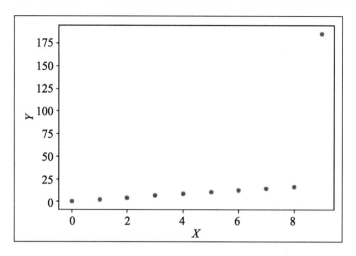

图 5.22　检查异常点

5.1.6　虚拟变量

在数学建模和机器学习中，只有数值型数据才能供算法使用，对于一些分类变量则需要将其转换为虚拟变量（哑变量）（也就是 0,1 矩阵），通过 get_dummies 函数即可实现该功能，如图 5.23 所示。

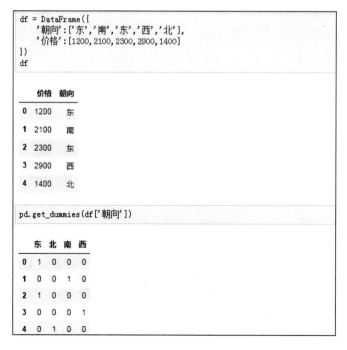

图 5.23　创建虚拟变量

如图 5.24 所示，对于多类别的数据而言，需要通过 apply 函数来实现。具体操作如图 5.25 所示。

```
df2 = DataFrame({
    '朝向':['东/北','西/南','东','西/北','北'],
    '价格':[1200,2100,2300,2900,1400]
})
df2
```

	价格	朝向
0	1200	东/北
1	2100	西/南
2	2300	东
3	2900	西/北
4	1400	北

图 5.24　多类别的数据

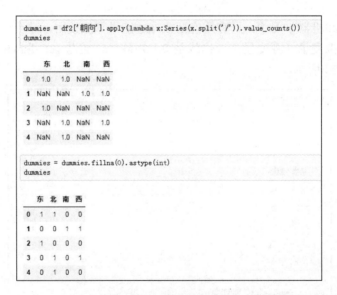

```
dummies = df2['朝向'].apply(lambda x:Series(x.split('/')).value_counts())
dummies
```

	东	北	南	西
0	1.0	1.0	NaN	NaN
1	NaN	NaN	1.0	1.0
2	1.0	NaN	NaN	NaN
3	NaN	1.0	NaN	1.0
4	NaN	1.0	NaN	NaN

```
dummies = dummies.fillna(0).astype(int)
dummies
```

	东	北	南	西
0	1	1	0	0
1	0	0	1	1
2	1	0	0	0
3	0	1	0	1
4	0	1	0	0

图 5.25　创建虚拟变量

5.2　数据合并和重塑

在实际的数据分析工作中，可能有不同的数据来源，这时需通过合并等操作对数据进行处理。本节将讲解 pandas 中的数据合并和重塑。

5.2.1　merge 合并

merge 函数是通过一个或多个键（DataFrame 的列）将两个 DataFrame 按行合并起来，其方式与关系型数据库一样。首先来看一个简单的例子，数据情况如图 5.26 所示。

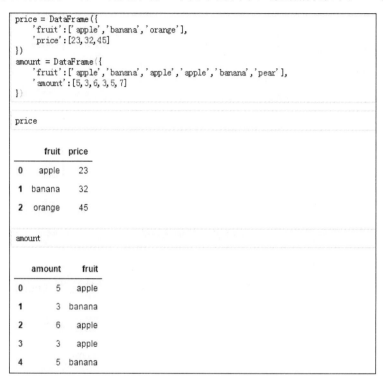

图 5.26　数据情况

这是多对一的合并情况，合并结果如图 5.27 所示。

```
pd.merge(amount,price)
```

	amount	fruit	price
0	5	apple	23
1	6	apple	23
2	3	apple	23
3	3	banana	32
4	5	banana	32

图 5.27　内连接

由于两个 DataFrame 都有 fruit 列名，所以默认按该列进行合并。当然，也可以指定键名，如果两个 DataFrame 的列名不一样，也可以单独指定，如图 5.28 所示。

```
pd.merge(amount, price, on='fruit')
```

	amount	fruit	price
0	5	apple	23
1	6	apple	23
2	3	apple	23
3	3	banana	32
4	5	banana	32

```
pd.merge(amount, price, left_on='fruit', right_on='fruit')
```

	amount	fruit	price
0	5	apple	23
1	6	apple	23
2	3	apple	23
3	3	banana	32
4	5	banana	32

图 5.28　指定连接键

通过图 5.27 可以看出，merge 默认为内连接（inner），也就是返回交集。通过 how 参数可以选择连接方法：左连接（left）、右连接（right）和外连接（outer），如图 5.29 和图 5.30 所示。

```
pd.merge(amount, price, how='left')
```

	amount	fruit	price
0	5	apple	23.0
1	3	banana	32.0
2	6	apple	23.0
3	3	apple	23.0
4	5	banana	32.0
5	7	pear	NaN

```
pd.merge(amount, price, how='right')
```

	amount	fruit	price
0	5.0	apple	23
1	6.0	apple	23
2	3.0	apple	23
3	3.0	banana	32
4	5.0	banana	32
5	NaN	orange	45

图 5.29　左、右连接

```
pd.merge(amount,price,how='outer')
```

	amount	fruit	price
0	5.0	apple	23.0
1	6.0	apple	23.0
2	3.0	apple	23.0
3	3.0	banana	32.0
4	5.0	banana	32.0
5	7.0	pear	NaN
6	NaN	orange	45.0

图 5.30　外连接

多对多的连接会产生笛卡尔积，如图 5.31 所示。左边的 DataFrame 有 3 个 apple，右边有 2 个 apple，这样连接的 DataFrame 就有 6 个 apple，如图 5.32 所示。

amount2

	amount	fruit
0	5	apple
1	3	banana
2	6	apple
3	3	apple
4	5	banana
5	7	pear

price2

	fruit	price
0	apple	23
1	banana	32
2	orange	45
3	apple	25

图 5.31　多对多数据

当然，也可以通过多个键进行合并，即传入一个 list 即可，如图 5.33 所示。

	key1	key2	val1
0	one	a	2
1	one	b	3
2	two	a	4

right

	key1	key2	val2
0	one	a	5
1	one	a	6
2	two	a	7
3	two	b	8

`pd.merge(left,right,on=['key1','key2'],how='outer')`

	key1	key2	val1	val2
0	one	a	2.0	5.0
1	one	a	2.0	6.0
2	one	b	3.0	NaN
3	two	a	4.0	7.0
4	two	b	NaN	8.0

`pd.merge(amount2,price2)`

	amount	fruit	price
0	5	apple	23
1	5	apple	25
2	6	apple	23
3	6	apple	25
4	3	apple	23
5	3	apple	25
6	3	banana	32
7	5	banana	32

图 5.32 多对多连接　　　　　图 5.33 多键连接

在合并时要考虑到重复列名的问题，如图 5.34 所示。虽然可以人为进行重复列名的修改，但 merge 函数提供了 suffixes 用于处理该问题，如图 5.35 所示。

`pd.merge(left,right,on='key1')`

	key1	key2_x	val1	key2_y	val2
0	one	a	2	a	5
1	one	a	2	a	6
2	one	b	3	a	5
3	one	b	3	a	6
4	two	a	4	a	7
5	two	a	4	b	8

`pd.merge(left,right,on='key1',suffixes=('_left','_right'))`

	key1	key2_left	val1	key2_right	val2
0	one	a	2	a	5
1	one	a	2	a	6
2	one	b	3	a	5
3	one	b	3	a	6
4	two	a	4	a	7
5	two	a	4	b	8

图 5.34 重复列名默认处理　　　　　图 5.35 重复列名处理

有时连接的键位于 DataFrame 的行索引上，可通过传入 left_index=True 或者 right_index=True 指定将索引作为连接键来使用，如图 5.36 和图 5.37 所示。

```
left2

        key  val1

0       a    0

1       a    1

2       b    2

3       b    3

4       c    4


right2

        val2

a       5

b       7
```

图 5.36　数据

```
pd.merge(left2,right2,left_on='key',right_index=True)

        key  val1  val2

0       a    0     5

1       a    1     5

2       b    2     7

3       b    3     7
```

图 5.37　索引作为连接键

DataFrame 中有一个 join 方法，可以快速完成按索引合并，如图 5.38 所示。

```
        val1

a       0

b       1

a       2

c       3


right3

        val2

a       5

b       7


left3.join(right3,how='outer')

        val1  val2

a       0     5.0

a       2     5.0

b       1     7.0

c       3     NaN
```

图 5.38　join 实例方法

通过以上的案例，总结 merge 使用的常用参数如表 5.1 所示。

表 5.1　merge函数常用参数

参　　数	使用说明
left	参与合并的左侧DataFrame
right	参与合并的右侧DataFrame
how	连接方法：inner、left、right、outer
on	用于连接的列名
left_on	左侧DataFrame中用于连接键的列
right_on	右侧DataFrame中用于连接键的列
left_index	左侧DataFrame的行索引作为连接键
right_index	右侧DataFrame的行索引作为连接键
sort	合并后会对数据排序，默认为True
suffixes	修改重复名

5.2.2　concat 连接

如果需要合并的 DataFrame 之间没有连接键，就不能使用 merge 方法了，这时可通过 pandas 的 concat 方法实现。如图 5.39 所示为 3 个没有相同索引的 Series，使用 concat 连接，会按行的方向堆叠数据。

默认情况下，concat 是在 axis=0 上工作的，当然通过指定轴向也可以按列进行连接，如图 5.40 所示。

```
s1 = Series([0,1],index=['a','b'])
s2 = Series([2,3],index=['c','d'])
s3 = Series([4,5],index=['e','f'])
```

```
pd.concat([s1,s2,s3])
```

```
a    0
b    1
c    2
d    3
e    4
f    5
dtype: int64
```

图 5.39　concat 连接

```
pd.concat([s1,s2,s3],axis=1)
```

	0	1	2
a	0.0	NaN	NaN
b	1.0	NaN	NaN
c	NaN	2.0	NaN
d	NaN	3.0	NaN
e	NaN	NaN	4.0
f	NaN	NaN	5.0

图 5.40　按列连接

这样就会生成一个 DataFrame。通过结果可以看出，这种连接方式为外连接（并集），通过传入 join='inner'可以实现内连接，如图 5.41 所示。

注意： concat 只有内连接和外连接。

可以通过 join_axes 指定使用的索引顺序，如图 5.42 所示。

```
s4 = pd.concat([s1*10, s3])
s4

a     0
b    10
e     4
f     5
dtype: int64
```

```
pd.concat([s1, s4], axis=1)

     0    1
a  0.0    0
b  1.0   10
e  NaN    4
f  NaN    5
```

```
pd.concat([s1, s4], axis=1, join='inner')

   0    1
a  0    0
b  1   10
```

```
pd.concat([s1, s4], axis=1, join='inner')

   0    1
a  0    0
b  1   10
```

```
pd.concat([s1, s4], axis=1, join='inner', join_axes=[['b', 'a']])

   0    1
b  1   10
a  0    0
```

图 5.41　内、外连接　　　　　　　　　　图 5.42　指定索引顺序

参与连接的数据对象在结果中是分不开的，可通过 keys 参数给连接对象创建一个层次化索引，如图 5.43 所示。

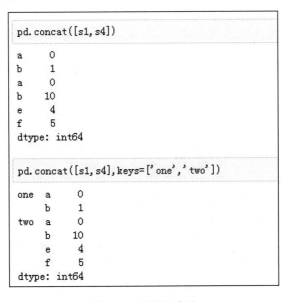

```
pd.concat([s1, s4])

a     0
b     1
a     0
b    10
e     4
f     5
dtype: int64
```

```
pd.concat([s1, s4], keys=['one', 'two'])

one  a     0
     b     1
two  a     0
     b    10
     e     4
     f     5
dtype: int64
```

图 5.43　层次化索引

如果按列连接，keys 就成了 DataFrame 的列索引，如图 5.44 所示。concat 连接对于 DataFrame 是同样适用的，如图 5.45 所示。

```
pd.concat([s1,s4],axis=1,keys=['one','two'])

     one   two
a    0.0    0
b    1.0   10
e    NaN    4
f    NaN    5
```

图 5.44　转换为列索引

```
df1

     val1
a     0
b     1
c     2

df2

     val2
a     5
b     7

pd.concat([df1,df2],axis=1,keys=['one','two'])

     one    two
     val1   val2
a     0     5.0
b     1     7.0
c     2     NaN
```

图 5.45　DataFrame 连接

除了传入列表，通过字典数据也可以完成连接，字典的键就是 keys 的值，如图 5.46 所示。

如图 5.47 所示，当行索引类似时，通过默认连接会出现重复行索引。这时可通过 ignore_index='True' 忽略索引，以达到重排索引的效果，如图 5.48 所示。

```
pd.concat({'one':df1,'two':df2},axis=1)

     one    two
     val1   val2
a     0     5.0
b     1     7.0
c     2     NaN
```

图 5.46　传入字典结构

```
df1 = DataFrame(np.random.randn(3,4),columns=['a','b','c','d'])
df2 = DataFrame(np.random.randn(2,2),columns=['d','c'])

df1

        a          b          c          d
0   0.023541  -0.694903  -0.515242   0.460737
1  -1.326048   0.259269  -0.685732   0.052237
2  -0.110079   2.729854  -0.503138  -1.721161

df2

        d          c
0   0.995995  -0.342845
1   0.848536   1.027354
```

图 5.47 DataFrame 数据

```
pd.concat([df1,df2])

        a          b          c          d
0   0.023541  -0.694903  -0.515242   0.460737
1  -1.326048   0.259269  -0.685732   0.052237
2  -0.110079   2.729854  -0.503138  -1.721161
0      NaN        NaN    -0.342845   0.995995
1      NaN        NaN     1.027354   0.848536

pd.concat([df1,df2],ignore_index=True)

        a          b          c          d
0   0.023541  -0.694903  -0.515242   0.460737
1  -1.326048   0.259269  -0.685732   0.052237
2  -0.110079   2.729854  -0.503138  -1.721161
3      NaN        NaN    -0.342845   0.995995
4      NaN        NaN     1.027354   0.848536
```

图 5.48 忽略索引

5.2.3 combine_first 合并

如图 5.49 所示，如果需要合并的两个 DataFrame 存在重复的索引，在这种情况下，若使用 merge 和 concat 方法都不能准确地解决问题，此时就需要使用 combine_first 方法，该方法类似于"打补丁"，如图 5.50 所示。

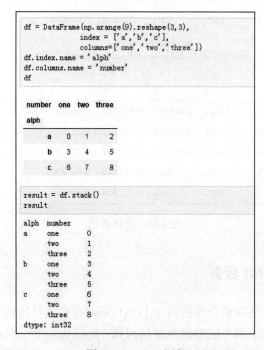

图 5.49　数据情况　　　　　　　　图 5.50　combine_first 合并

5.2.4　数据重塑

数据重塑用于重排 DataFrame，有两个常用的方法：stack 方法用于将 DataFrame 的列"旋转"为行；unstack 方法用于将 DataFrame 的行"旋转"为列。stack 方法的具体用法如图 5.51 所示。

```
df = DataFrame(np.arange(9).reshape(3,3),
               index = ['a','b','c'],
               columns=['one','two','three'])
df.index.name = 'alph'
df.columns.name = 'number'
df
```

number	one	two	three
alph			
a	0	1	2
b	3	4	5
c	6	7	8

```
result = df.stack()
result
```

```
alph  number
a     one        0
      two        1
      three      2
b     one        3
      two        4
      three      5
c     one        6
      two        7
      three      8
dtype: int32
```

图 5.51　stack 方法

将列转换为行后，则生成了一个 Series 数据，通过 unstack 又会将其重排为原始数据的形式，如图 5.52 所示。

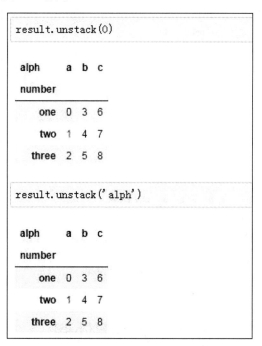

图 5.52　unstack 方法

默认情况下，数据重塑的操作都是最内层的，也可以通过级别编号或名称来指定其他级别进行重塑操作，如图 5.53 所示。

图 5.53　指定级别

不仅数据重塑的操作是最内层的，操作的结果也会使旋转轴位于最低级别，如图 5.54 和图 5.55 所示。

```
df = DataFrame(np.arange(16).reshape(4,4),
               index=[['one','one','two','two'],['a','b','a','b']],
               columns=[['apple','apple','orange','orange'],['red','green','red','green']])
df
```

		apple		orange	
		red	green	red	green
one	a	0	1	2	3
	b	4	5	6	7
two	a	8	9	10	11
	b	12	13	14	15

图 5.54　数据情况

```
df.stack()
```

			apple	orange
one	a	green	1	3
		red	0	2
	b	green	5	7
		red	4	6
two	a	green	9	11
		red	8	10
	b	green	13	15
		red	12	14

```
df.unstack()
```

	apple				orange			
	red		green		red		green	
	a	b	a	b	a	b	a	b
one	0	4	1	5	2	6	3	7
two	8	12	9	13	10	14	11	15

图 5.55　重塑结果

5.3　字符串处理

在数据分析中常常会处理一些文本数据，pandas 提供了处理字符串的矢量化函数。本节将讲解字符串矢量化函数的使用方法。

5.3.1　字符串方法

如图 5.56 所示，把数据分成两列，常用的方法是通过函数应用来完成。

```
data = {
    'data':['张三|男', '李四|女', '王五|女', '小明|男'],
}
df = DataFrame(data)
df
```

	data
0	张三|男
1	李四|女
2	王五|女
3	小明|男

```
result = df['data'].apply(lambda x:Series(x.split('|')))
result
```

	0	1
0	张三	男
1	李四	女
2	王五	女
3	小明	男

图 5.56　函数应用

pandas 中字段的 str 属性可以轻松调用字符串的方法，并运用到整个字段中（矢量化运算），如图 5.57 所示。

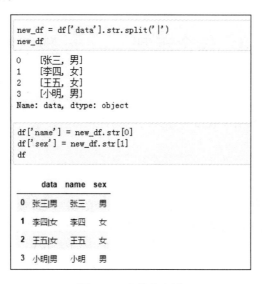

```
new_df = df['data'].str.split('|')
new_df
```

```
0    [张三, 男]
1    [李四, 女]
2    [王五, 女]
3    [小明, 男]
Name: data, dtype: object
```

```
df['name'] = new_df.str[0]
df['sex'] = new_df.str[1]
df
```

	data	name	sex
0	张三|男	张三	男
1	李四|女	李四	女
2	王五|女	王五	女
3	小明|男	小明	男

图 5.57　字符串方法

5.3.2　正则表达式

字符串的矢量化操作同样适用于正则表达式，如图 5.58 所示。

```
df2 = DataFrame({
    'email':['102345@qq.com','342167@qq.com','65132@qq.com']
})
df2
```

	email
0	102345@qq.com
1	342167@qq.com
2	65132@qq.com

```
df2['email'].str.findall('(.*?)@')
```

```
0    [102345]
1    [342167]
2     [65132]
Name: email, dtype: object
```

```
df2['QQ'] = df2['email'].str.findall('(.*?)@').str.get(0)
df2
```

	email	QQ
0	102345@qq.com	102345
1	342167@qq.com	342167
2	65132@qq.com	65132

图 5.58　正则表达式

5.4　综合示例——Iris 数据集

本节将以修改过的 Iris 数据集为例，主要讲解数据分析中数据预处理的详细操作，并通过可视化的手段，分析 Iris 数据集分类的可操作性。

5.4.1　数据来源

本例使用的 Iris（鸢尾花卉）数据集是经过修改的，以该数据集为基础来讲解数据的清洗操作，该数据会提供给读者使用。如图 5.59 所示，先加载该数据集。

以上的数据经常用于机器学习（分类算法）的入门例子中。其中，sepal_length_cm 为花萼长度；sepal_width_cm 为花萼宽度；petal_length_cm 为花瓣长度；petal_width_cm 为花瓣宽度。通过这 4 个数据，可以判断并分类出 3 种鸢尾花的类别（class）。

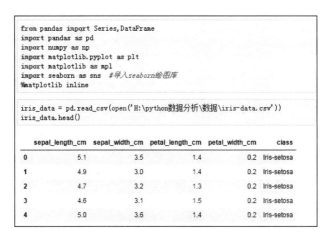

```
from pandas import Series,DataFrame
import pandas as pd
import numpy as np
import matplotlib.pyplot as plt
import matplotlib as mpl
import seaborn as sns    #导入seaborn绘图库
%matplotlib inline
```

```
iris_data = pd.read_csv(open('H:\python数据分析\数据\iris-data.csv'))
iris_data.head()
```

	sepal_length_cm	sepal_width_cm	petal_length_cm	petal_width_cm	class
0	5.1	3.5	1.4	0.2	Iris-setosa
1	4.9	3.0	1.4	0.2	Iris-setosa
2	4.7	3.2	1.3	0.2	Iris-setosa
3	4.6	3.1	1.5	0.2	Iris-setosa
4	5.0	3.6	1.4	0.2	Iris-setosa

图 5.59　Iris 数据

5.4.2　定义问题

本例主要是学习如何对数据进行清洗，对于分类问题在本例中不做讲解。本例目的是通过数据可视化和分析，按照鸢尾花的特征分出鸢尾花的类别。

5.4.3　数据清洗

首先对数据进行简单描述，看其中是否有异常值，如图 5.60 所示。

```
iris_data.shape
```

```
(150, 5)
```

```
iris_data.describe()
```

	sepal_length_cm	sepal_width_cm	petal_length_cm	petal_width_cm
count	150.000000	150.000000	150.000000	145.000000
mean	5.644627	3.054667	3.758667	1.236552
std	1.312781	0.433123	1.764420	0.755058
min	0.055000	2.000000	1.000000	0.100000
25%	5.100000	2.800000	1.600000	0.400000
50%	5.700000	3.000000	4.350000	1.300000
75%	6.400000	3.300000	5.100000	1.800000
max	7.900000	4.400000	6.900000	2.500000

图 5.60　描述统计

通过结果可看出，共有 150 条数据，通过每个字段的平均值和方差，看不出有异常值，如图 5.61 所示。查看 class 的类别，发现不是 3 种，可能是由于拼写错误造成的，在这里进行修改。

```
iris_data['class'].unique()
array(['Iris-setosa', 'Iris-setossa', 'Iris-versicolor', 'versicolor',
       'Iris-virginica'], dtype=object)

iris_data.ix[iris_data['class'] == 'versicolor', 'class'] = 'Iris-versicolor'
iris_data.ix[iris_data['class'] == 'Iris-setossa', 'class'] = 'Iris-setosa'

iris_data['class'].unique()
array(['Iris-setosa', 'Iris-versicolor', 'Iris-virginica'], dtype=object)
```

图 5.61　查看唯一值

回到异常值的处理中，这里分析可能是分类的原因，数据都很均衡。下面利用 seaborn 绘制散点图矩阵，如图 5.62 所示，代码如下。

```
sns.pairplot(iris_data, hue='class')
```

注意：pandas 根据类别绘制散点图时很麻烦，有兴趣的读者可以学习 seaborn 的可视化技术。

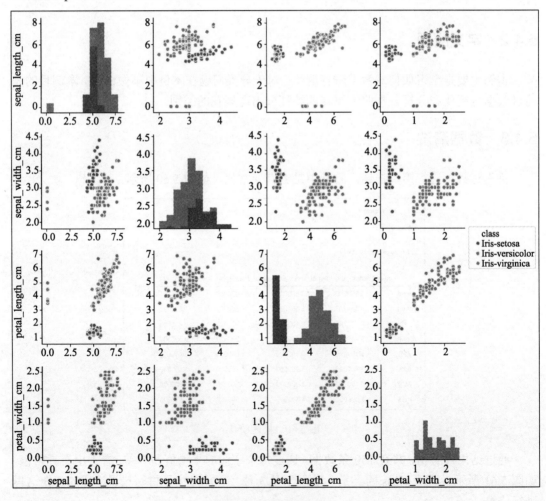

图 5.62　散点图矩阵

通过第一列可以看出，有几个 Iris-versicolor 样本中的 sepal_length_cm 值偏移了大部分的点；通过第二行可以看出，一个 Iris-setosa 样本的 sepal_width_cm 值偏离了大部分的点。

通过对 Iris-setosa 的花萼宽度绘制直方图也能观测出异常，如图 5.63 所示。

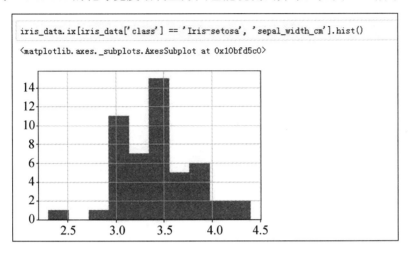

图 5.63　Iris-setosa 的花萼宽度直方图

这里对异常值产生的原因不够清楚，所以直接对小于 2.5cm 的数据进行过滤，直方图如图 5.64 所示。代码如下：

```
iris_data = iris_data.loc[(iris_data['class'] != 'Iris-setosa') | (iris_
data['sepal_width_cm'] >= 2.5)]
iris_data.loc[iris_data['class'] == 'Iris-setosa', 'sepal_width_cm'].hist()
```

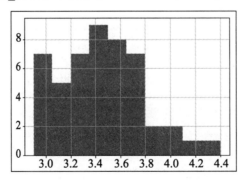

图 5.64　处理后的直方图

通过索引选取 Iris-versicolor 样本中 sepal_length_cm 值小于 0.1 的数据，如图 5.65 所示。

图中的 sepal_length_cm 数据很小，有可能是单位错误，这里输入的是以 m 为单位，通过与其他数据比较，初步认为可能是单位设置问题。通过以下代码，对数据乘以 100。

```
iris_data.loc[(iris_data['class'] == 'Iris-versicolor') &
              (iris_data['sepal_length_cm'] < 1.0),
              'sepal_length_cm'] *= 100.0
```

```
iris_data.loc[(iris_data['class'] == 'Iris-versicolor') &
              (iris_data['sepal_length_cm'] < 1.0)]
```

	sepal_length_cm	sepal_width_cm	petal_length_cm	petal_width_cm	class
77	0.067	3.0	5.0	1.7	Iris-versicolor
78	0.060	2.9	4.5	1.5	Iris-versicolor
79	0.057	2.6	3.5	1.0	Iris-versicolor
80	0.055	2.4	3.8	1.1	Iris-versicolor
81	0.055	2.4	3.7	1.0	Iris-versicolor

图 5.65　选取异常数据

再查看是否有缺失值，如图 5.66 所示，发现花瓣宽度有 5 条缺失值，由于 3 种分类数据样本均衡，因此直接将缺失值进行删除处理。

```
iris_data.isnull().sum()
```

```
sepal_length_cm    0
sepal_width_cm     0
petal_length_cm    0
petal_width_cm     5
class              0
dtype: int64
```

```
iris_data[iris_data['petal_width_cm'].isnull()]
```

	sepal_length_cm	sepal_width_cm	petal_length_cm	petal_width_cm	class
7	5.0	3.4	1.5	NaN	Iris-setosa
8	4.4	2.9	1.4	NaN	Iris-setosa
9	4.9	3.1	1.5	NaN	Iris-setosa
10	5.4	3.7	1.5	NaN	Iris-setosa
11	4.8	3.4	1.6	NaN	Iris-setosa

```
iris_data.dropna(inplace=True)
```

图 5.66　处理缺失值

最后对清洗好的数据进行存储，以方便进行下一步分析，如图 5.67 所示。

```
iris_data.to_csv('H:\python数据分析\数据\iris-clean-data.csv', index=False)
```

```
iris_data = pd.read_csv(open('H:\python数据分析\数据\iris-clean-data.csv'))
iris_data.head()
```

	sepal_length_cm	sepal_width_cm	petal_length_cm	petal_width_cm	class
0	5.1	3.5	1.4	0.2	Iris-setosa
1	4.9	3.0	1.4	0.2	Iris-setosa
2	4.7	3.2	1.3	0.2	Iris-setosa
3	4.6	3.1	1.5	0.2	Iris-setosa
4	5.0	3.6	1.4	0.2	Iris-setosa

```
iris_data.shape
```

```
(144, 5)
```

图 5.67　保存清洗的数据

5.4.4 数据探索

下面对处理好的数据绘制散点矩阵图。如图 5.68 所示，可以看出在大部分情况下数据接近正态分布，而且 Iris-setosa 与其他两种花是线性可分的（用一个直线就可以切分），其他两种花型可能需要通过非线性算法进行分类。

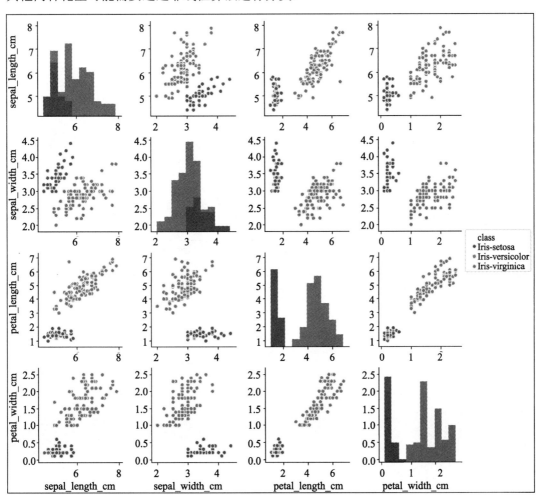

图 5.68 散点矩阵图

通过绘制箱形图也可以发现该规律，通过 petal_length_cm 可以轻松区分 Iris-setosa 与其他两种花，如图 5.69 所示。

```
iris_data.boxplot(column='petal_length_cm',
by='class',grid=False,figsize=(6,6))
```

注意：boxplot 用于绘制箱形图，figsize 可设置画布的大小。

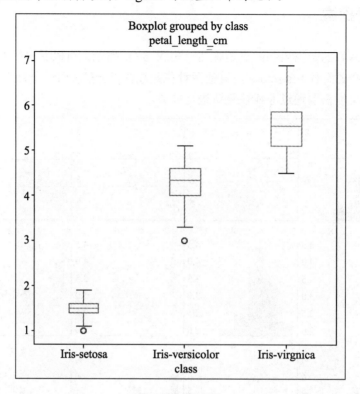

图 5.69　箱形图

第6章 数据分组与聚合

数据的分组统计是数据分析工作中的重要环节。本章将讲解 GroupBy 的原理和使用方法；聚合函数的使用；分组运算中 transform 和 apply 方法的使用；通过 pandas 创建数据透视表的方法；最后通过一个综合示例，巩固数据分组统计的使用。

下面给出本章涉及的知识点与学习目标。

- 数据分组：了解数据分组的原理和 GroupBy 的使用方法。
- 聚合运算：学会分组数据的聚合运算方法和函数使用。
- 分组运算：重点掌握 apply 方法的使用。
- 数据透视表：学会构建数据透视表和交叉表。

6.1 数据分组

数据分组的思想来源于关系型数据库。本节将着重讲解数据分组的原理，通过简单案例，带领读者学会 GroupBy 的使用方法。

6.1.1 GroupBy 简介

GroupBy 技术用于数据分组运算，类似于 Excel 的分类汇总（对于不同分类进行运算），其运算的核心模式为 split-apply-combine，如图 6.1 所示。首先，数据集按照 key（分组键）的方式分成小的数据片（split）；然后对每一个数据片进行操作，如分类求和（apply）最后将结果再组合起来形成新的数据集（combine）。

在第 3 章的小费数据集分析中，通过性别分别计算了小费平均值。当时的做法是：通过布尔索引选取男性和女性的小费数据，分别求平均，然后以此构造 Series 数据。这个方法其实很繁琐，如果类别很多，难道要一个个地选取出来计算吗？当然不是。

其实，利用 groupby 方法可以轻松地完成分组统计的任务。以小费数据集为例，通过性别分别计算小费平均值，如图 6.2 所示。

📖注意：代码运行需导入相应的库（如 pandas 或 seaborn）。小费数据集中的各列字段说明可参考 3.6.1 节，不再赘述。

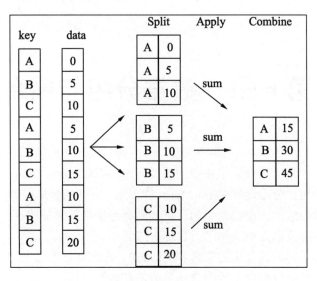

图 6.1　GroupBy 技术

```
tips=sns.load_dataset('tips')
tips.head()
```

	total_bill	tip	sex	smoker	day	time	size
0	16.99	1.01	Female	No	Sun	Dinner	2
1	10.34	1.66	Male	No	Sun	Dinner	3
2	21.01	3.50	Male	No	Sun	Dinner	3
3	23.68	3.31	Male	No	Sun	Dinner	2
4	24.59	3.61	Female	No	Sun	Dinner	4

```
grouped = tips['tip'].groupby(tips['sex'])
grouped
```
```
<pandas.core.groupby.SeriesGroupBy object at 0x000000000BCF8160>
```

图 6.2　GroupBy 分组

返回的 grouped 为 GroupBy 对象，是保存的中间数据，对该对象调用 mean 方法即可返回数据，如图 6.3 所示。

mean 方法完成了分组数据的聚合运算，返回了一个 Series 数据，更多的聚合运算将在后面讲解。当然，也可以通过多个分组键进行计算，通过 day 和 time，计算小费平均值，如图 6.4 所示。

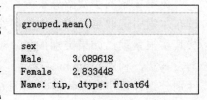

图 6.3　GroupBy 聚合

```
date_mean = tips['tip'].groupby([tips['day'],tips['time']]).mean()
date_mean

day    time
Thur   Lunch    2.767705
       Dinner   3.000000
Fri    Lunch    2.382857
       Dinner   2.940000
Sat    Dinner   2.993103
Sun    Dinner   3.255132
Name: tip, dtype: float64
```

图 6.4　多 key 分组

通过 pandas 绘图可分析出：晚餐（Dinner）比午餐（Lunch）的小费金额多，而且周六（Sat）、周日（Sun）的小费金额明显比周四（Thur）、周五（Fri）多，如图 6.5 所示。

`date_mean.plot(kind='barh')`

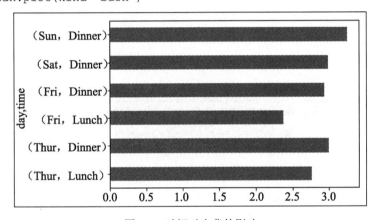

图 6.5　时间对小费的影响

GroupBy 对象是可迭代的，其构造为一组二元元组，如图 6.6 所示。

```
In [14]: for name,group in tips.groupby(tips['sex']):
             print(name)
             print(group)

Male
    total_bill   tip   sex smoker  day    time  size
1        10.34  1.66  Male     No  Sun  Dinner     3
2        21.01  3.50  Male     No  Sun  Dinner     3
3        23.68  3.31  Male     No  Sun  Dinner     2
5        25.29  4.71  Male     No  Sun  Dinner     4
6         8.77  2.00  Male     No  Sun  Dinner     2
7        26.88  3.12  Male     No  Sun  Dinner     4
8        15.04  1.96  Male     No  Sun  Dinner     2
9        14.78  3.23  Male     No  Sun  Dinner     2
10       10.27  1.71  Male     No  Sun  Dinner     2
12       15.42  1.57  Male     No  Sun  Dinner     2
13       18.43  3.00  Male     No  Sun  Dinner     4
15       21.58  3.92  Male     No  Sun  Dinner     2
17       16.29  3.71  Male     No  Sun  Dinner     3
19       20.65  3.35  Male     No  Sat  Dinner     3
20       17.92  4.08  Male     No  Sat  Dinner     2
23       39.42  7.58  Male     No  Sat  Dinner     4
24       19.82  3.18  Male     No  Sat  Dinner     2
```

图 6.6　分组迭代

⌂ **注意**：GroupBy 由分组名和数据片构成。

size 方法可返回各分组的大小，如图 6.7 所示。

```
tips.groupby(tips['sex']).size()

sex
Male      157
Female     87
dtype: int64
```

图 6.7　size 方法

6.1.2　按列名分组

在 6.1 节中，groupby 方法使用的分组键为 Series。当然，分组键也支持其他的格式，下面的内容中将一一介绍分组键格式和使用方法。DataFrame 数据的列索引名称可以作为分组键，如图 6.8 所示。用列索引名称可以作为分组键时，用于分组的对象必须是 DataFrame 数据本身，否则搜索不到索引名称会报错。通过绘制图 6.9，可以看出吸烟对小费数据的影响不大。

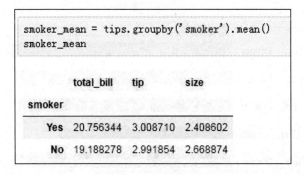

```
smoker_mean = tips.groupby('smoker').mean()
smoker_mean
```

	total_bill	tip	size
smoker			
Yes	20.756344	3.008710	2.408602
No	19.188278	2.991854	2.668874

图 6.8　按列名分组

```
smoker_mean['tip'].plot(kind='bar')
```

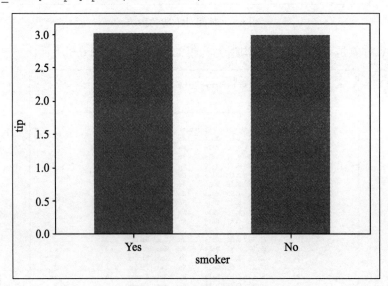

图 6.9　吸烟与小费的关系

上述方法返回的是多列 DataFrame 的数据，如果只需要获取 tip（小费）列数据，通过索引选取即可。但 GroupBy 对象也可通过索引获取 tip 列，然后再进行聚合运算，它其实相当于语法糖，更好用，如图 6.10 所示。通过图 6.11 可看出，小费金额基本上与聚餐人数呈正相关，但人数为 5 时，有下降的趋势。

```
size_mean1 = tips['tip'].groupby(tips['size']).mean()
size_mean1

size
1    1.437500
2    2.582308
3    3.393158
4    4.135405
5    4.028000
6    5.225000
Name: tip, dtype: float64


size_mean2 = tips.groupby('size')['tip'].mean()    #语法糖
size_mean2

size
1    1.437500
2    2.582308
3    3.393158
4    4.135405
5    4.028000
6    5.225000
Name: tip, dtype: float64
```

图 6.10　groupby 语法糖

```
size_mean2.plot()
```

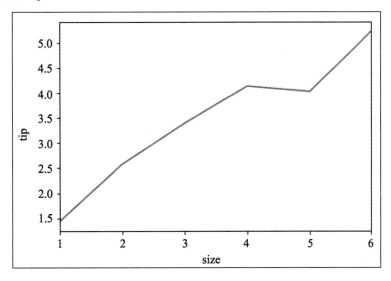

图 6.11　聚餐人数（size）与小费（tip）关系

6.1.3　按列表或元组分组

分组键也可以是长度适当的列表或元组，长度适当其实就是要与待分组的 DataFrame 的行数一样，简单地理解，就是把列表或元组当做 DataFrame 的一列，然后按其分组，如图 6.12 所示。

```
df = DataFrame(np.arange(16).reshape(4,4))
df
```

	0	1	2	3
0	0	1	2	3
1	4	5	6	7
2	8	9	10	11
3	12	13	14	15

```
list1 = ['a','b','a','b']
```

```
df.groupby(list1).sum()
```

	0	1	2	3
a	8	10	12	14
b	16	18	20	22

图 6.12　按列表分组

6.1.4　按字典分组

如果原始的 DataFrame 中的分组信息很难确定或者不存在，可通过字典结构，定义分组的信息，如图 6.13 所示。通过各字母进行分组（不区分大小写），通过字典作为分组键，如图 6.14 所示。

```
df = DataFrame(np.random.normal(size=(6,6)),index=['a','b','c','A','B','C'])
df
```

	0	1	2	3	4	5
a	0.031512	-0.896280	-0.000981	0.558886	-1.574150	0.030435
b	0.774907	0.020968	0.575220	-0.566894	1.326251	0.775521
c	1.437972	-0.699240	-1.064924	0.235661	1.841803	1.238480
A	-1.756554	0.652186	1.149668	0.192652	2.202044	0.366539
B	-0.575227	0.299196	-0.120483	-2.665255	0.432872	1.627597
C	0.481407	-0.983928	1.270371	-1.581129	-1.568339	-2.122324

图 6.13　原始数据

```
dict1 = {
    'a':'one',
    'A':'one',
    'b':'two',
    'B':'two',
    'c':'three',
    'C':'three'
}
```

```
df.groupby(dict1).sum()
```

	0	1	2	3	4	5
one	-1.725042	-0.244095	1.148687	0.751538	0.627894	0.396974
three	1.919380	-1.683169	0.205448	-1.345468	0.273464	-0.883844
two	0.199680	0.320164	0.454738	-3.232148	1.759122	2.403117

图 6.14　按字典分组

6.1.5　按函数分组

函数作为分组键的原理类似于字典，通过映射关系进行分组，但是函数分组更加灵活，如图 6.15 所示。通过 DataFrame 最后一列的数值进行正负分组。

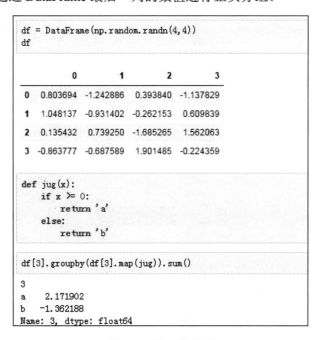

```
df = DataFrame(np.random.randn(4,4))
df
```

	0	1	2	3
0	0.803694	-1.242886	0.393840	-1.137829
1	1.048137	-0.931402	-0.262153	0.609839
2	0.135432	0.739250	-1.685265	1.562063
3	-0.863777	-0.687589	1.901485	-0.224359

```
def jug(x):
    if x >= 0:
        return 'a'
    else:
        return 'b'
```

```
df[3].groupby(df[3].map(jug)).sum()
3
a    2.171902
b   -1.362188
Name: 3, dtype: float64
```

图 6.15　按函数分组

对于层次化索引，可通过级别进行分组，通过 level 参数，输入编号或名称即可，如图 6.16 所示。

```
df = DataFrame(np.arange(16).reshape(4,4),
               index=[['one','one','two','two'],['a','b','a','b']],
               columns=[['apple','apple','orange','orange'],['red','green','red','green']])
df
```

		apple		orange	
		red	green	red	green
one	a	0	1	2	3
	b	4	5	6	7
two	a	8	9	10	11
	b	12	13	14	15

```
df.groupby(level=1).sum()
```

	apple		orange	
	red	green	red	green
a	8	10	12	14
b	16	18	20	22

图 6.16　索引级别分组

当然，也可以在列上进行分组（axis=1），如图 6.17 所示。

```
df.groupby(level=1,axis=1).sum()
```

		green	red
one	a	4	2
	b	12	10
two	a	20	18
	b	28	26

图 6.17　按列进行分组

6.2　聚合运算

聚合运算就是对分组后的数据进行计算，产生标量值的数据转换过程。本节将讲解常用的聚合函数和自定义聚合函数的用法。

6.2.1　聚合函数

前面的例子中使用了部分聚合运算方法，如 mean、count 和 sum 函数，如表 6.1 所示为常用的聚合运算方法。

表 6.1 聚合运算方法

参　　数	使用说明
count	计数
sum	求和
mean	求平均值
median	求算术中位数
std、var	无偏标准差和方差
min、max	求最小值和最大值
prod	求积
first、last	第一个和最后一个值

注意：空值不参与计算。

然后通过性别分组，计算小费的最大值，如图 6.18 所示。

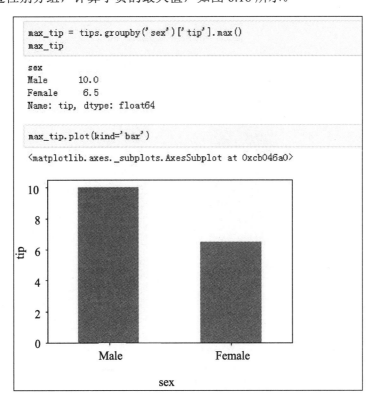

图 6.18 小费最大值运算

其实，除了上述聚合运算方法外，只要是 Series 或 DataFrame 支持的能用于分组的运算函数都可以拿来使用，如图 6.19 所示。

对于更加复杂的聚合运算，可以自定义聚合函数，通过 aggregate 或 agg 参数传入即可。例如，通过性别分类，计算小费最大值与最小值的差（极差），如图 6.20 所示。

```
df = DataFrame(np.arange(16).reshape(4,4))
df
```

	0	1	2	3
0	0	1	2	3
1	4	5	6	7
2	8	9	10	11
3	12	13	14	15

```
list1 = ['a','b','a','b']
df.groupby(list1).quantile(0.5)
```

0.5	0	1	2	3
a	4.0	5.0	6.0	7.0
b	8.0	9.0	10.0	11.0

图 6.19　分位数运算

```
def get_range(x):
    return x.max()-x.min()

tips_range = tips.groupby('sex')['tip'].agg(get_range)
tips_range

sex
Male      9.0
Female    5.5
Name: tip, dtype: float64
```

图 6.20　聚合函数

如图 6.21 所示，可以看出，男性（Male）的小费极差比女性（Female）大很多，说明在小费给予中，男性的差异较大，主观性更大。

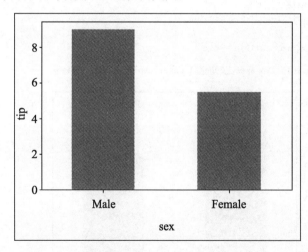

图 6.21　小费极差

6.2.2　多函数应用

1. 一列多函数

如图 6.22 所示，对 agg 参数传入多函数列表，即可完成一列的多函数运算。

```
tips.groupby(['sex','smoker'])['tip'].agg(['mean','std',get_range])
```

sex	smoker	mean	std	get_range
Male	Yes	3.051167	1.500120	9.00
	No	3.113402	1.489559	7.75
Female	Yes	2.931515	1.219916	5.50
	No	2.773519	1.128425	4.20

图 6.22　一列多函数

如果不想使用默认的运算函数列名，可以元组的形式传入，前面为名称，后面为聚合函数，如图 6.23 所示。

```
tips.groupby(['sex','smoker'])['tip'].agg[[('tip_mean','mean'),('Range',get_range)])
```

sex	smoker	tip_mean	Range
Male	Yes	3.051167	9.00
	No	3.113402	7.75
Female	Yes	2.931515	5.50
	No	2.773519	4.20

图 6.23　重命名

2．多列多函数

对多列进行多聚合函数运算时，会产生层次化索引，如图 6.24 所示。

```
tips.groupby(['day','time'])['total_bill','tip'].agg[[('tip_mean','mean'),('Range',get_range)])
```

day	time	total_bill tip_mean	Range	tip tip_mean	Range
Thur	Lunch	17.664754	35.60	2.767705	5.45
	Dinner	18.780000	0.00	3.000000	0.00
Fri	Lunch	12.845714	7.69	2.382857	1.90
	Dinner	19.663333	34.42	2.940000	3.73
Sat	Dinner	20.441379	47.74	2.993103	9.00
Sun	Dinner	21.410000	40.92	3.255132	5.49

图 6.24　多列多函数

3．不同列不同函数

如果需要对不同列使用不同的函数运算，可以通过字典来定义映射关系，如图 6.25 和图 6.26 所示。

```
tips.groupby(['day','time'])['total_bill','tip'].agg({'total_bill':'sum','tip':'mean'})
```

		total_bill	tip
day	time		
Thur	Lunch	1077.55	2.767705
	Dinner	18.78	3.000000
Fri	Lunch	89.92	2.382857
	Dinner	235.96	2.940000
Sat	Dinner	1778.40	2.993103
Sun	Dinner	1627.16	3.255132

图 6.25　不同列不同函数 1

```
tips.groupby(['day','time'])['total_bill','tip'].agg({'total_bill':['sum','mean'],'tip':'mean'})
```

		total_bill		tip
		sum	mean	mean
day	time			
Thur	Lunch	1077.55	17.664754	2.767705
	Dinner	18.78	18.780000	3.000000
Fri	Lunch	89.92	12.845714	2.382857
	Dinner	235.96	19.663333	2.940000
Sat	Dinner	1778.40	20.441379	2.993103
Sun	Dinner	1627.16	21.410000	3.255132

图 6.26　不同列不同函数 2

如果希望返回的结果不以分组键为索引，通过 as_index=False 可以完成，如图 6.27 所示。

```
no_index = tips.groupby(['sex','smoker'],as_index=False)['tip'].mean()
no_index
```

	sex	smoker	tip
0	Male	Yes	3.051167
1	Male	No	3.113402
2	Female	Yes	2.931515
3	Female	No	2.773519

图 6.27　取消分组键为索引

6.3　分组运算

分组运算包含了聚合运算，聚合运算是数据转换的特例。本节将讲解 transform 和 apply 方法，通过这两个方法，可以实现更多的分组运算。

6.3.1　transform 方法

　　首先对小费数据集新建一列用于存放男性和女性小费的平均值。常用的方法是，先聚合运算，然后再将其合并，如图 6.28 所示。

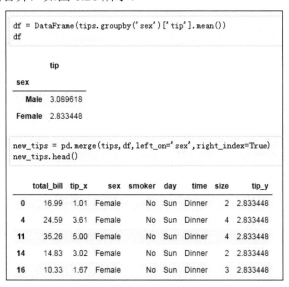

图 6.28　聚合加合并

　　上面的方法虽然也能实现，但过于烦琐，不灵活。通过 transform 方法可以使运算分布到每一行，如图 6.29 所示。

```
tips.groupby('sex')['tip'].transform('mean')
0     2.833448
1     3.089618
2     3.089618
3     3.089618
4     2.833448
5     3.089618
6     3.089618
7     3.089618
8     3.089618
9     3.089618
10    3.089618
11    2.833448
12    3.089618
13    3.089618
14    2.833448
15    3.089618
16    2.833448
17    3.089618
18    2.833448
19    3.089618
20    3.089618
```

图 6.29　transform 方法

6.3.2 apply 方法

apply 方法的功能更加强大，例如可以计算根据性别分组后小费金额排在前 5 名的 DataFrame 数据，如图 6.30 所示。

```
def top(x,n=5):
    return x.sort_values(by='tip',ascending=False)[-n:]

tips.groupby('sex').apply(top)
```

sex		total_bill	tip	sex	smoker	day	time	size
Male	43	9.68	1.32	Male	No	Sun	Dinner	2
	235	10.07	1.25	Male	No	Sat	Dinner	2
	75	10.51	1.25	Male	No	Sat	Dinner	2
	237	32.83	1.17	Male	Yes	Sat	Dinner	2
	236	12.60	1.00	Male	Yes	Sat	Dinner	2
Female	215	12.90	1.10	Female	Yes	Sat	Dinner	2
	0	16.99	1.01	Female	No	Sun	Dinner	2
	111	7.25	1.00	Female	No	Sat	Dinner	1
	67	3.07	1.00	Female	Yes	Sat	Dinner	1
	92	5.75	1.00	Female	Yes	Fri	Dinner	2

图 6.30　apply 方法

如果希望返回的结果不以分组键为索引，通过 group_keys=False 可以完成，如图 6.31 所示。

```
tips.groupby('sex',group_keys=False).apply(top)
```

	total_bill	tip	sex	smoker	day	time	size
43	9.68	1.32	Male	No	Sun	Dinner	2
235	10.07	1.25	Male	No	Sat	Dinner	2
75	10.51	1.25	Male	No	Sat	Dinner	2
237	32.83	1.17	Male	Yes	Sat	Dinner	2
236	12.60	1.00	Male	Yes	Sat	Dinner	2
215	12.90	1.10	Female	Yes	Sat	Dinner	2
0	16.99	1.01	Female	No	Sun	Dinner	2
111	7.25	1.00	Female	No	Sat	Dinner	1
67	3.07	1.00	Female	Yes	Sat	Dinner	1
92	5.75	1.00	Female	Yes	Fri	Dinner	2

图 6.31　禁止分组键

例如，前面对缺失数据的处理可通过数值填充来完成，如图 6.32 和图 6.33 所示。也可以通过平均值对缺失值进行填充。

```
data = {
    'name':['张三', '李四', 'peter', '王五', '小明', '小红'],
    'sex':['female', 'female', 'male', 'male','male','female'],
    'math':[67, 72, np.nan, 82, 90, np.nan]
}
df = DataFrame(data)
df['math'] = df['math']
df
```

	math	name	sex
0	67.0	张三	female
1	72.0	李四	female
2	NaN	peter	male
3	82.0	王五	male
4	90.0	小明	male
5	NaN	小红	female

图 6.32　数据结构

```
df.fillna(df['math'].mean())
```

	math	name	sex
0	67.00	张三	female
1	72.00	李四	female
2	77.75	peter	male
3	82.00	王五	male
4	90.00	小明	male
5	77.75	小红	female

图 6.33　均值插值

可以这样假设：男生和女生的数学成绩还是有区别的，希望通过分组后，再进行插值，如图 6.34 所示。

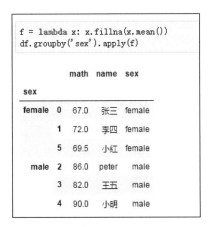

图 6.34　分组后插值

6.4　数据透视表

说到数据透视表，读者可能并不陌生，在 Excel 中，就有数据透视表的功能，通过行、列、值形成一个透视表。在 pandas 中，通过 pivot_table 函数也可实现同样的功能，本节将对其进行详细讲解。

6.4.1　透视表

首先介绍 pivot_table 函数的常用参数，value 代表的是值，index 为行，columns 为例，其他参数在实际案例中讲解。这里以小费数据集为例，如图 6.35 所示。

```
tips.pivot_table(values='tip',index='sex',columns='smoker')

smoker   Yes       No
sex
 Male   3.051167  3.113402
Female  2.931515  2.773519
```

图 6.35　透视表

这里的值计算为平均值（默认），也可以通过 aggfunc 参数来指定，如图 6.36 所示。

```
tips.pivot_table(values='tip',index='sex',columns='smoker',aggfunc='sum')

smoker   Yes     No
sex
 Male   183.07  302.00
Female   96.74  149.77
```

图 6.36　指定计算函数

通过 margins 参数可加入分项小计，如图 6.37 所示。

```
tips.pivot_table(values='tip',index='sex',columns='smoker',aggfunc='sum',margins=True)

smoker   Yes     No      All
sex
 Male   183.07  302.00  485.07
Female   96.74  149.77  246.51
  All   279.81  451.77  731.58
```

图 6.37　分项小计

🔔注意：更多参数的使用说明，读者可查看帮助文档。

6.4.2　交叉表

交叉表是一种用于计算分组频率的特殊透视表，这里还以小费数据集为例，其使用方法如图 6.38 所示。

```
cross_table = pd.crosstab(index=tips['day'],columns=tips['size'])
cross_table
```

size	1	2	3	4	5	6
day						
Thur	1	48	4	5	1	3
Fri	1	16	1	1	0	0
Sat	2	53	18	13	1	0
Sun	0	39	15	18	3	1

图 6.38　交叉表

通过 div 函数，可以使得每行的和为 1，如图 6.39 所示。

```
df = cross_table.div(cross_table.sum(1),axis=0)
df
```

size	1	2	3	4	5	6
day						
Thur	0.016129	0.774194	0.064516	0.080645	0.016129	0.048387
Fri	0.052632	0.842105	0.052632	0.052632	0.000000	0.000000
Sat	0.022989	0.609195	0.206897	0.149425	0.011494	0.000000
Sun	0.000000	0.513158	0.197368	0.236842	0.039474	0.013158

图 6.39　div 函数

这样可以看出聚餐人数的比例情况。在 pandas 绘图中，通过 stacked=True 可以绘制堆积图，如图 6.40 所示。

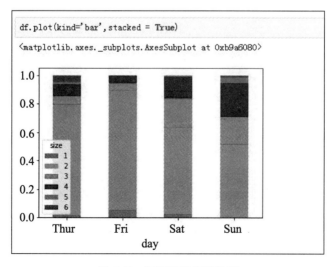

图 6.40　每天聚餐规模比例

6.5 综合实例——巴尔的摩公务员工资数据集

本节以美国城市巴尔的摩 2016 年公务员工资的数据集为基础，讲解数据分析中数据分组统计的使用，并通过可视化手段，分析其工资情况。

6.5.1 数据来源

本例使用的数据集可在该网站https://catalog.data.gov/dataset/baltimore-city-employee-salaries-fy2016 进行下载，可支持多种文件结构的下载，这里下载 CSV 文件，如图 6.41 所示。

图 6.41 数据下载

下载好的 CSV 文件可通过 pandas 读取，加载该数据集，如图 6.42 所示。

该数据为美国政府公开的公职人员的薪资数据。其中，Name 为姓名；JobTitle 为职位名称；AgencyID 和 Agency 为工号和单位；HireDate 为入职日期；AnnualSalary 为年薪；GrossPay 为总薪资（税前）。

```
import numpy as np
import pandas as pd
%matplotlib inline
```

```
salary = pd.read_csv(open('H:\python数据分析\数据\Baltimore_City_Employee_Salaries_FY2016.csv'))
salary.head()
```

	Name	JobTitle	AgencyID	Agency	HireDate	AnnualSalary	GrossPay
0	Aaron,Patricia G	Facilities/Office Services II	A03031	OED-Employment Dev (031)	10/24/1979 12:00:00 AM	$56705.00	$54135.44
1	Aaron,Petra L	ASSISTANT STATE'S ATTORNEY	A29045	States Attorneys Office (045)	09/25/2006 12:00:00 AM	$75500.00	$72445.87
2	Abbey,Emmanuel	CONTRACT SERV SPEC II	A40001	M-R Info Technology (001)	05/01/2013 12:00:00 AM	$60060.00	$59602.58
3	Abbott-Cole,Michelle	Operations Officer III	A90005	TRANS-Traffic (005)	11/28/2014 12:00:00 AM	$70000.00	$59517.21
4	Abdal-Rahim,Naim A	EMT Firefighter Suppression	A64120	Fire Department (120)	03/30/2011 12:00:00 AM	$64365.00	$74770.82

图 6.42　工资数据

6.5.2　定义问题

本次分析中，围绕工资提出几个问题：年薪的分布情况、公务人员入职日期的情况、年薪最高的职务和人数最多的职位。

6.5.3　数据清洗

首先对数据进行简单描述，看是否有缺失值，如图 6.43 所示。

可以看出，GrossPay 列有 272 个缺失值，因为这里的样本量足够，直接删除这些样本即可，如图 6.44 所示。

```
salary.shape

(13818, 7)

salary.isnull().sum()

Name            0
JobTitle        0
AgencyID        0
Agency          0
HireDate        0
AnnualSalary    0
GrossPay      272
dtype: int64
```

图 6.43　查看缺失值

```
salary = salary.dropna()

salary.isnull().sum()

Name            0
JobTitle        0
AgencyID        0
Agency          0
HireDate        0
AnnualSalary    0
GrossPay        0
dtype: int64
```

图 6.44　删除缺失值

注意：读者也可以通过职位分组后插入均值。

我们还发现，在工资数据中，年薪和薪资都是字符串结构的，有"$"符号，利用前面讲的字符串用法，将其去掉，并转换为浮点类型，如图 6.45 所示。

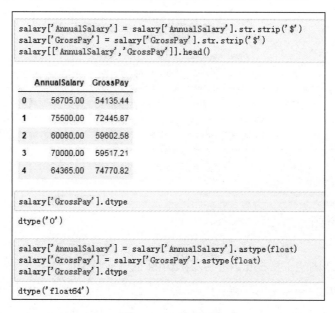

```
salary['AnnualSalary'] = salary['AnnualSalary'].str.strip('$')
salary['GrossPay'] = salary['GrossPay'].str.strip('$')
salary[['AnnualSalary','GrossPay']].head()
```

	AnnualSalary	GrossPay
0	56705.00	54135.44
1	75500.00	72445.87
2	60060.00	59602.58
3	70000.00	59517.21
4	64365.00	74770.82

```
salary['GrossPay'].dtype
```
```
dtype('O')
```
```
salary['AnnualSalary'] = salary['AnnualSalary'].astype(float)
salary['GrossPay'] = salary['GrossPay'].astype(float)
salary['GrossPay'].dtype
```
```
dtype('float64')
```

图 6.45　工资处理

对于入职日期，可以新建一列，用于存放入职的月份，如图 6.46 所示。

```
salary['month'] = salary['HireDate'].str.split('/').str[0]
salary[['HireDate','month']].head()
```

	HireDate	month
0	10/24/1979 12:00:00 AM	10
1	09/25/2006 12:00:00 AM	09
2	05/01/2013 12:00:00 AM	05
3	11/28/2014 12:00:00 AM	11
4	03/30/2011 12:00:00 AM	03

图 6.46　日期处理

注意：这里是把日期数据当做字符串来处理，日期数据的处理会在后面具体讲解。

6.5.4　数据探索

我们首先对年薪工资进行直方图绘制。如图 6.47 所示，年薪基本呈正态分布，但向左略有倾斜，这也说明高工资的职务还是较少的。

```
salary['AnnualSalary'].hist(bins=20)
```

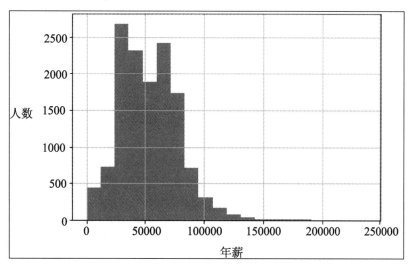

图 6.47　年薪分布情况

然后对入职的月份进行计数并绘制柱状图，如图 6.48 所示。入职的高峰期为 9 月、8 月和 6 月。

```
month_count = salary['month'].value_counts()
month_count.plot(kind='barh')
```

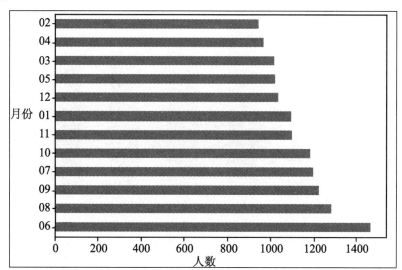

图 6.48　入职月份分布情况

接着通过聚合运算，计算各职位的年薪平均值和职位个数，如图 6.49 所示。

```
agg_salary = salary.groupby('JobTitle')['AnnualSalary'].agg(['mean','count'])
agg_salary
```

	mean	count
JobTitle		
911 LEAD OPERATOR	49816.750000	4
911 OPERATOR	44829.461538	65
911 OPERATOR SUPERVISOR	57203.500000	4
ACCOUNT EXECUTIVE	57200.000000	4
ACCOUNTANT I	49065.866667	15
ACCOUNTANT II	58172.640000	25
ACCOUNTANT SUPV	67417.142857	7
ACCOUNTANT TRAINEE	36681.000000	1
ACCOUNTING ASST I	29226.333333	6
ACCOUNTING ASST II	34281.533333	15
ACCOUNTING ASST III	43187.818182	33

图 6.49　聚合运算

然后再对年薪平均值进行降序排序，取前 5 名绘制柱状图，如图 6.50 所示。从图中可以看出，STATE'S ATTORNEY（州检察官）的年薪最高。

```
sort_salary = agg_salary.sort_values(by='mean',ascending=False)[:5]
sort_salary['mean'].plot(kind='bar')
```

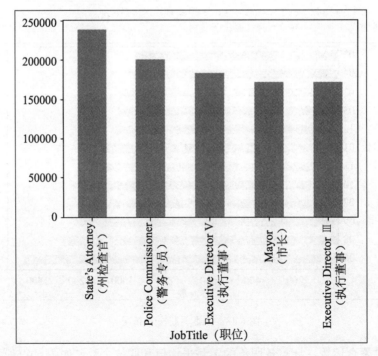

图 6.50　年薪职位排名柱状图

按同样的方法，再绘制职位人数排名柱状图，如图 6.51 所示。可以看出，警察的职位人数远多于其他职位。

```
sort_count = agg_salary.sort_values(by='count',ascending=False)[:5]
sort_count['count'].plot(kind='bar')
```

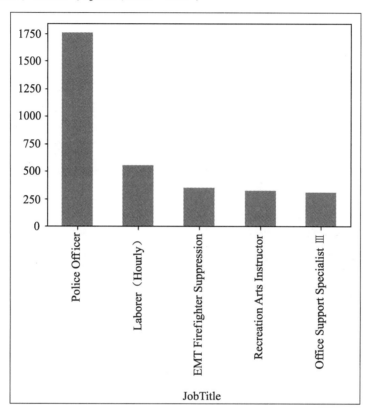

图 6.51　职业人数排名柱状图

第 7 章　matplotlib 可视化

数据可视化是数据分析中的一部分，可用于数据的探索和查找缺失值等，也是展现数据的重要手段。matplotlib 是一个强大的工具箱，其完整的图表样式函数和个性化的自定义设置，可以满足几乎所有的 2D 和一些 3D 绘图的需求。本章介绍了如何利用 matplotlib 绘制常用数据图表，如线形图、柱状图、散点图和直方图；还介绍了如何使用 matplotlib 的自定义设置绘制个性化图表；最后使用全球星巴克店铺的数据集进行数据分析和可视化，从而带领读者掌握 matplotlib 可视化的方法和技巧。

本章主要涉及以下几个知识点：

- 线形图的基本绘制方法和样式设置；
- 各类柱状图的绘制方法；
- 绘制散点图和直方图；
- 灵活运用 matplotlib 的参数自定义图表设置；
- 通过综合案例掌握 matplotlib 可视化的方法和技巧。

7.1　线形图

线形图是最基本的图表类型，常用于绘制连续的数据。通过绘制线形图，可以表现出数据的一种趋势变化。例如，公司通过绘制每个月份的产品销售量趋势图，来分析产品的销售情况，以此做出销售方式的调整。本节主要介绍如何利用 matplotlib 绘制线形图，并介绍通过修改 matplotlib 中 plot 函数的参数来修改线条的颜色、线条的形状（线形）和数据点标记的形状。

7.1.1　基本使用

matplotlib 的 plot 函数可以用来绘制线形图，在参数中传入 X 轴和 Y 轴坐标即可。X 轴和 Y 轴坐标的数据格式可以是列表、数组和 Series。首先创建一个 DataFrame 数据，如图 7.1 所示。然后让 DataFrame 数据的行索引作为 X 轴，math 列索引作为 Y 轴，开始绘制线形图，如图 7.2 所示。

```
import numpy as np
import pandas as pd
import matplotlib.pyplot as plt
%matplotlib inline

data = {
    'name':['张三', '李四', '王五', '小明'],
    'sex':['female', 'female', 'male', 'male'],
    'math':[78, 79, 83, 92],
    'city':['北京', '上海', '广州', '北京']
}
df = pd.DataFrame(data)
df
```

	city	math	name	sex
0	北京	78	张三	female
1	上海	79	李四	female
2	广州	83	王五	male
3	北京	92	小明	male

图 7.1　数据情况

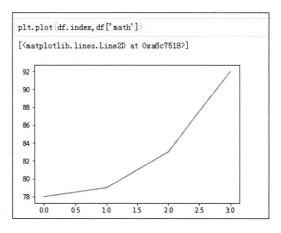

图 7.2　绘制线形图

7.1.2　颜色与线形

通过 plot 函数的 color 参数可以指定线条的颜色，这里绘制的是红色的线条，如图 7.3 所示。

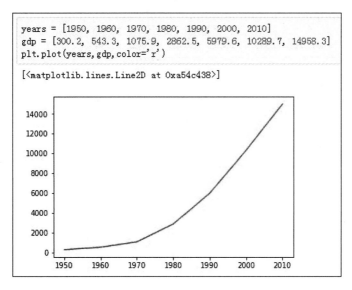

图 7.3　颜色设置 1

说明：由于是黑白印刷，书中无法显示真实效果，读者可自己操作体验。

也可以指定 RGB 值来更改线条的颜色，如图 7.4 所示。

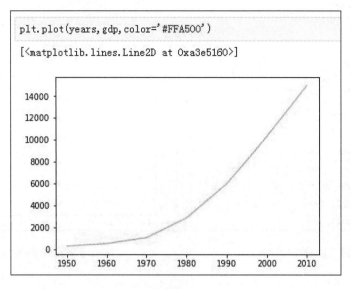

图 7.4　颜色设置 2

注意：完整的参数列表可参考 matplotlib 官方文档，也可以参考该博客 http://www.cnblogs.com/darkknightzh/p/6117528.html。

通过 plot 函数的 linestyle 参数可以指定线条的形状，这里绘制出虚线的线条，如图 7.5 所示。

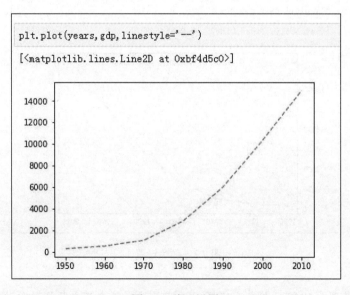

图 7.5　线形设置

通过 plot 函数的 linewidth 参数可以指定线条的宽度，如图 7.6 所示。

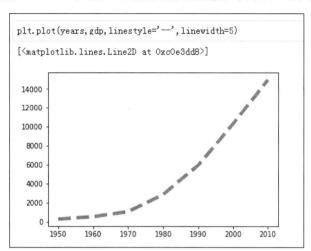

图 7.6　线宽设置

7.1.3　点标记

默认情况下，坐标点是没有标记的，通过 plot 函数的 marker 参数可对坐标点进行标记，如图 7.7 所示。

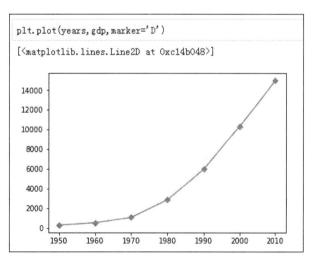

图 7.7　点标记

颜色、线条和点的样式可以一起放置于格式字符串中，但颜色设置要放在线条和点的样式的前面，如图 7.8 所示。

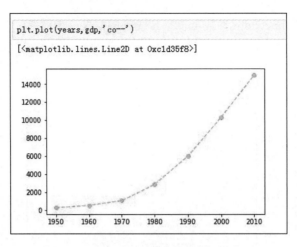

图 7.8　各样式设置

7.2　柱状图

柱状图是数据分析中常用的图表。本节将着重讲解通过 Matplotlib 绘制各类柱状图的方法，通过简单的例子，让读者学会灵活使用 matplotlib。

7.2.1　基本使用

绘制柱状图主要是使用 matplotlib 的 bar 函数。相比通过 pandas 绘制柱状图，通过 matplotlib 绘制柱状图的方法稍显复杂，需传入刻度列表和高度列表，如图 7.9 所示。

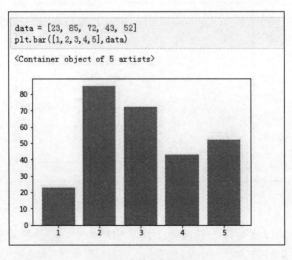

图 7.9　绘制柱状图

通过 bar 函数的 color 参数可以设置柱状图的填充颜色，alpha 参数可以设置透明度，如图 7.10 所示。

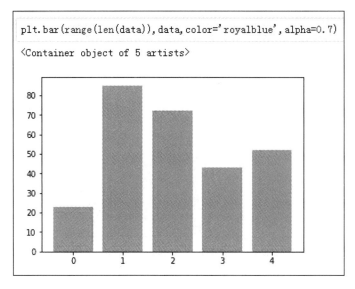

图 7.10 颜色设置

grid 函数用于绘制格网，通过对参数的个性化设置，可以绘制出个性的格网，如图 7.11 所示。

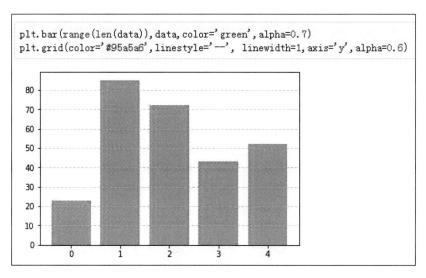

图 7.11 格网设置

bar 函数的 bottom 参数用于设置柱状图的高度，以此可以绘制堆积柱状图，如图 7.12 所示。

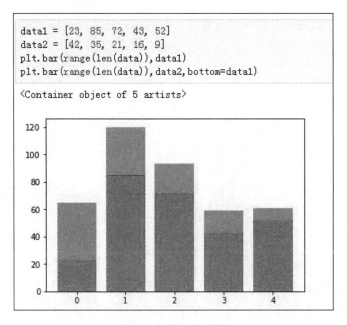

图 7.12　堆积柱状图

bar 函数的 width 参数用于设置柱状图的宽度，以此可以绘制并列柱状图，如图 7.13 所示。

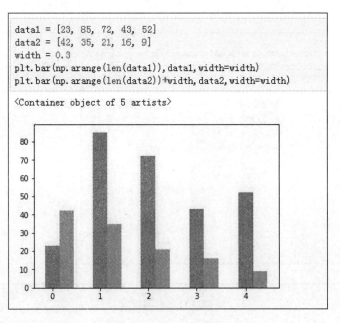

图 7.13　并列柱状图

bar 函数的通过 barh 函数可以绘制水平柱状图，如图 7.14 所示。

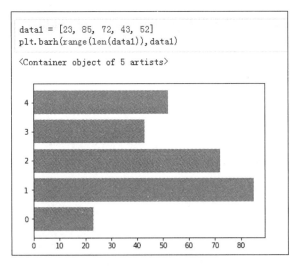

图 7.14　水平柱状图

7.2.2　刻度与标签

通过 7.2.1 节的例子可以看出，绘制的柱状图的 X 轴刻度上没有对应的刻度标签，但现实中的柱状图的 X 轴是需要标签的。在 matplotlib 中，通过 xticks 函数可以设置图标的 X 轴刻度和刻度标签，通过以下代码就可以绘制带有标签的柱状图，效果如图 7.15 所示。

```
data = [23, 85, 72, 43, 52]
labels = ['A','B','C','D','E']
plt.xticks(range(len(data)),labels)  #设置刻度和标签
plt.bar(range(len(data)),data)
```

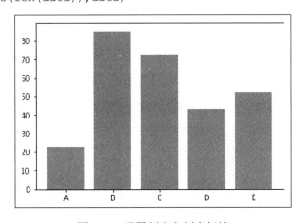

图 7.15　设置刻度和刻度标签

注意：通过 yticks 函数可以修改 Y 轴的刻度和标签。

通过 xlable 和 ylabel 方法给 X 轴和 Y 轴添加标签，通过 title 方法为图表添加标题，如图 7.16 所示。

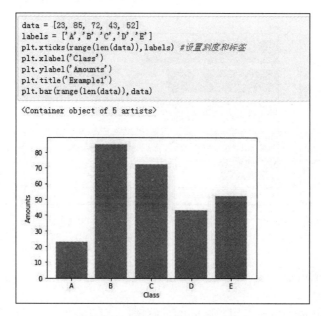

图 7.16　添加 X、Y 轴标签和标题

7.2.3　图例

图例是标识图表元素的重要工具。在 bar 函数中传入 label 参数可表明图例名称，通过 legend 函数即可绘制出图例，如图 7.17 所示。

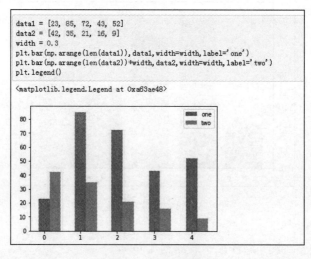

图 7.17　添加图例

下面通过小费数据，讲解如何在现实数据中绘制柱状图，如图 7.18 所示。通过 groupby 函数可统计男女性别的小费平均值，如图 7.18 所示。

```
tips=sns.load_dataset('tips')
tips.head()

   total_bill   tip     sex  smoker  day    time  size
0       16.99  1.01  Female      No  Sun  Dinner     2
1       10.34  1.66    Male      No  Sun  Dinner     3
2       21.01  3.50    Male      No  Sun  Dinner     3
3       23.68  3.31    Male      No  Sun  Dinner     2
4       24.59  3.61  Female      No  Sun  Dinner     4


sex_mean = tips.groupby('sex')['tip'].mean()
sex_mean

sex
Male      3.089618
Female    2.833448
Name: tip, dtype: float64
```

图 7.18　分组数据

💬说明：图 7.18 的数据集中，total_bill 为消费总金额；tip 为小费；sex 为顾客性别；smoker 为顾客是否抽烟；day 为消费的星期；time 为聚餐的时间段；size 为聚餐人数。

下面给出获取该 Series 的索引作为 X 轴刻度标签的代码，绘制的柱状图如图 7.19 所示。

```
labels = list(sex_mean.index)    #刻度标签
plt.xlabel('sex')    #设置 X 轴标签
plt.ylabel('tip')    #设置 Y 轴标签
plt.bar(range(len(labels)),sex_mean,width=0.5)
plt.xticks(range(len(labels)),labels,fontsize=12)    #设置刻度和刻度标签
```

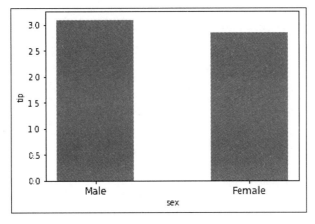

图 7.19　性别和小费的关联

7.3 其他基本图表

本节主要讲解其他基本图表的绘制方法，如散点图和直方图。

7.3.1 散点图

matplotlib 的 scatter 函数可以用来绘制散点图，传入 X 和 Y 轴坐标即可。首先利用 NumPy 创建一组随机数，如图 7.20 所示为绘制的散点图。

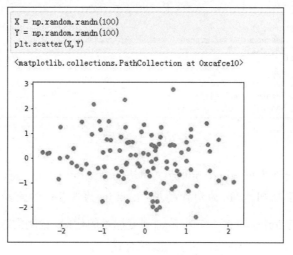

图 7.20 散点图

也可以为散点更改颜色和点标记，如图 7.21 所示。（图 7.21 中的散点实际为红色）

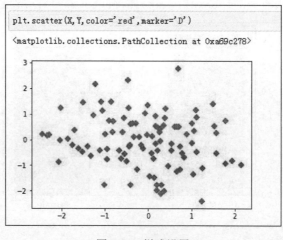

图 7.21 样式设置

7.3.2　直方图

matplotlib 的 hist 函数可以用来绘制直方图，如图 7.22 所示。

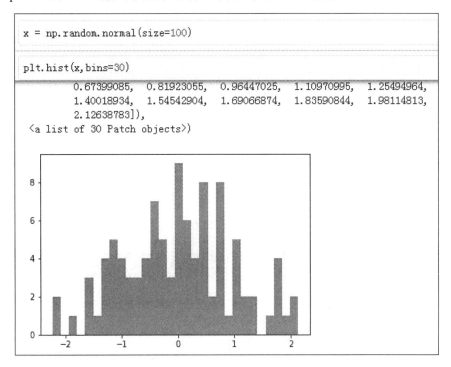

图 7.22　直方图

7.4　自定义设置

由于 matplotlib 是最底层的绘图库，因此有很大的设置空间。本节将讲解如何通过 matplotlib 进行自定义绘图设置。

7.4.1　图表布局

matplotlib 的图像位于 Figure 对象中。通过 figure 函数可以创建一个新的 Figure，用于绘制图表，其中的 figsize 参数可以设置图表的长宽比。在创建 Figure 对象过程中，通过 add_subplot 函数创建子图，用于绘制图形，如图 7.23 所示。

```
fig = plt.figure(figsize=(10,6))
ax1 = fig.add_subplot(2,2,1)
ax2 = fig.add_subplot(2,2,2)
ax3 = fig.add_subplot(2,2,3)
```

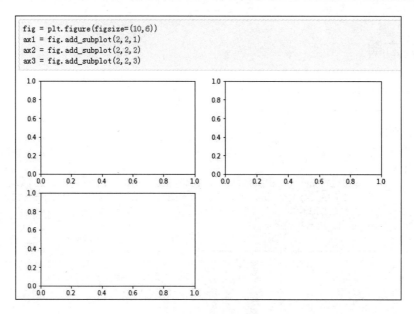

图 7.23　创建子图

这时选择不同的 ax 变量，便可在对应的 subplot 子图中绘图，如图 7.24 所示。

```
fig = plt.figure(figsize=(10,6))
ax1 = fig.add_subplot(2,2,1)
ax2 = fig.add_subplot(2,2,2)
ax3 = fig.add_subplot(2,2,3)
years = [1950, 1960, 1970, 1980, 1990, 2000, 2010]
gdp = [300.2, 543.3, 1075.9, 2862.5, 5979.6, 10289.7, 14958.3]
ax1.scatter(years,gdp)
ax2.plot(years,gdp)
ax3.bar(years,gdp)
```

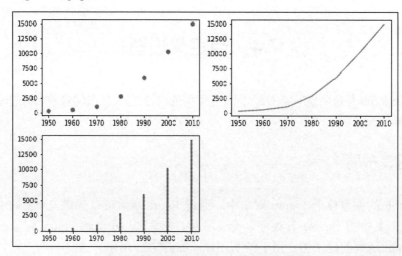

图 7.24　subplot 子图绘制 1

通过 plt.subplots 可以很轻松地创建子图,而且 axes 的索引类似于二维数组,这样便可以对指定的子图进行绘制,如图 7.25 所示。

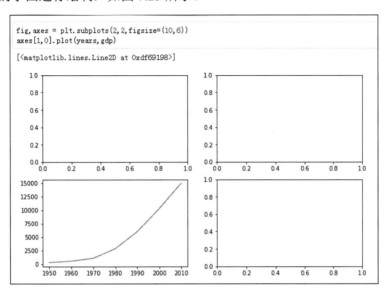

图 7.25　subplot 子图绘制 2

默认情况下,各 subplot 子图间都会留有一定的间距,如图 7.26 所示。当没有设置 figsize 时,创建多子图会显得拥挤。通过 plt.subplots_adjust 方法,可以设置子图的间距修改子图之间的间距,如图 7.27 所示。具体参数如下:

```
subplots_adjust(left=None,bottom=None,right=None,top=None,wspace=None,h
space=None)
```

其中,前 4 个参数用于设置 subplot 子图的外围边距,wspace 和 hspace 参数用于设置 subplot 子图间的边距。

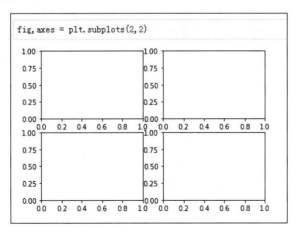

图 7.26　修改前

```
fig,axes = plt.subplots(2,2)
plt.subplots_adjust(wspace=0.3,hspace=0.3)
```

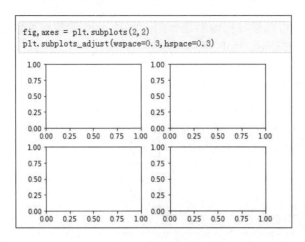

图 7.27   修改后

7.4.2   文本注解

有时需要在图表上加上文本注解。例如，在柱状图上加入文本数字，可以很清楚地知道每个类别的数量。通过 text 函数可以在指定的坐标(x, y)上加入文本注解，如图 7.28 所示。

```
data = [23, 85, 72, 43, 52]
labels = ['A','B','C','D','E']
plt.xticks(range(len(data)),labels)              #设置刻度和标签
plt.xlabel('Class')
plt.ylabel('Amounts')
plt.title('Example1')
plt.bar(range(len(data)),data)
for x,y in zip(range(len(data)),data):
    plt.text(x, y,y, ha='center', va= 'bottom')     #文本注解
```

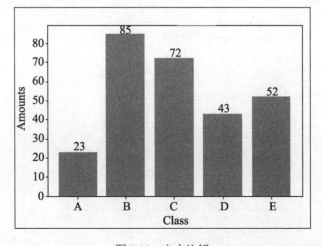

图 7.28   文本注解

7.4.3　样式与字体

matplotlib 自带了一些样式供用户使用，最常用的是 ggplot 样式，该样式是参考 R 语言中的 ggplot 库。通过 plt.style.use('ggplot') 函数即可调用该样式绘图，如图 7.29 所示。

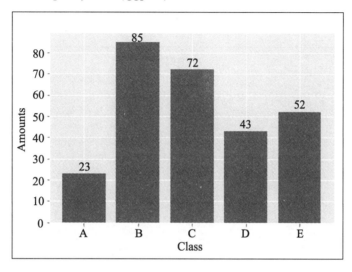

图 7.29　样式调用

matplotlib 默认为英文字体，如果绘制中出现汉字就会发生乱码，如图 7.30 所示。

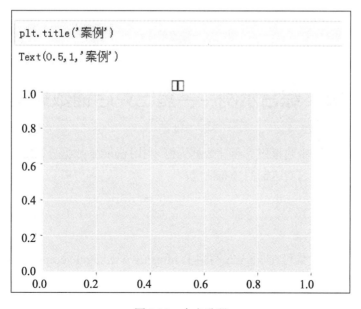

图 7.30　中文乱码

🔔**注意**：之前调用的样式会被保留。

因此需要指定 matplotlib 的默认字体，这样就可以解决中文乱码的问题，如图 7.31 所示。代码如下：

```
plt.rcParams['font.sans-serif'] = ['simhei']        #指定默认字体
plt.rcParams['axes.unicode_minus'] = False
                                     #解决保存图像时负号'-'显示为方块的问题
plt.title('案例')
```

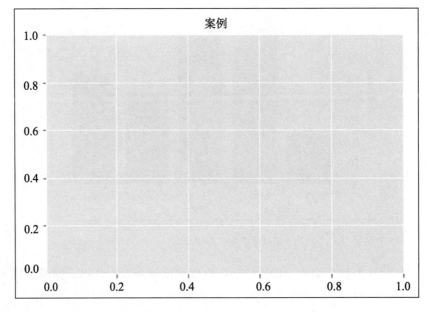

图 7.31　修改默认字体

7.5　综合示例——星巴克店铺数据集

本节以 kaggle 官网中的星巴克店铺数据为例，利用 pandas 数据分析方法，通过 matplotlib 可视化的手段，分析星巴克店铺的分布情况。

7.5.1　数据来源

本例中使用的数据集可在 kaggle 网站上 https://www.kaggle.com/starbucks/store-locations 下载，如图 7.32 所示。

🔔**注意**：下载数据前需注册 kaggle 账号。

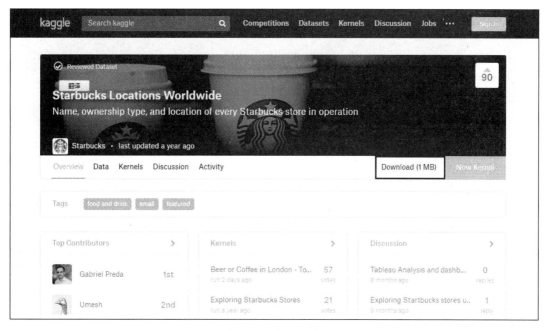

图 7.32　数据下载

下载好的 CSV 文件可以通过 pandas 读取，如图 7.33 所示。

```
import numpy as np
import pandas as pd
import matplotlib.pyplot as plt
%matplotlib inline
```

```
starbucks = pd.read_csv(open('H:\python数据分析\数据\directory.csv',encoding='utf-8'))
starbucks.head()
```

	Brand	Store Number	Store Name	Ownership Type	Street Address	City	State/Province	Country	Postcode	Phone Number	Timezone	Longitude	Latitude
0	Starbucks	47370-257954	Meritxell, 96	Licensed	Av. Meritxell, 96	Andorra la Vella	7	AD	AD500	376818720	GMT+1:00 Europe/Andorra	1.53	42.51
1	Starbucks	22331-212325	Ajman Drive Thru	Licensed	1 Street 69, Al Jarf	Ajman	AJ	AE	NaN	NaN	GMT+04:00 Asia/Dubai	55.47	25.42
2	Starbucks	47089-256771	Dana Mall	Licensed	Sheikh Khalifa Bin Zayed St.	Ajman	AJ	AE	NaN	NaN	GMT+04:00 Asia/Dubai	55.47	25.39
3	Starbucks	22126-218024	Twofour 54	Licensed	Al Salam Street	Abu Dhabi	AZ	AE	NaN	NaN	GMT+04:00 Asia/Dubai	54.38	24.48
4	Starbucks	17127-178586	Al Ain Tower	Licensed	Khaldiya Area, Abu Dhabi Island	Abu Dhabi	AZ	AE	NaN	NaN	GMT+04:00 Asia/Dubai	54.54	24.51

图 7.33　星巴克店铺数据

以上数据为 kaggle 官网上公开的星巴克在全球的店铺数据。数据的介绍信息可通过 kaggle 官网进行查看，如图 7.34 所示。选择 Data 标签后，可查看前 100 行数据信息，以及字段的解释性信息。这里主要的字段有：City 为店铺所在城市；State/Province 为店铺所在的州和省份；Country 为店铺所在国家。

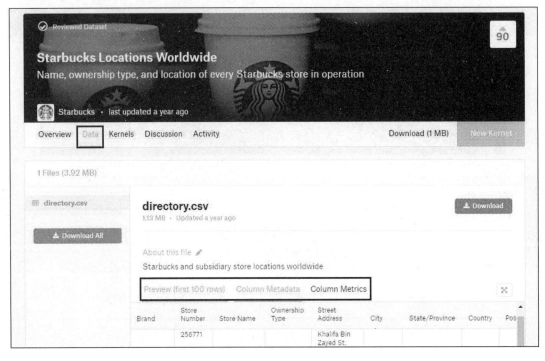

图 7.34　星巴克店铺数据信息

7.5.2　定义问题

本次分析中，围绕星巴克店铺所在地提出几个问题：星巴克店铺在全球的分布情况；哪些国家星巴克店铺较多；哪些城市星巴克店铺较多；星巴克店铺在我国的分布情况。

7.5.3　数据清洗

针对 City、State/Province 和 Country 地区字段，查看是否有缺失值，如图 7.35 所示。

可以看出，City 列有 15 个缺失值，这里对这些缺失值进行查看。如图 7.36 所示，发现多为埃及（EG）国家，这里分析可能是没有统计到具体城市。为了样本的完整性，定义填充函数，用 State/Province 进行填充，如图 7.37 所示。

然后查看 Brand 字段的唯一值，发现店铺并不只有星巴克，还有一些其他的店面，但这里是分析星巴克店铺的信息，所以需要先"清洗"数据，然后将清洗好的数据进行存储，如图 7.38 所示。

```
starbucks.isnull().sum()

Brand              0
Store Number       0
Store Name         0
Ownership Type     0
Street Address     2
City              15
State/Province     0
Country            0
Postcode        1522
Phone Number    6861
Timezone           0
Longitude          1
Latitude           1
dtype: int64
```

图 7.35　查看缺失值 1

```
starbucks[starbucks['City'].isnull()]
```

	Brand	Store Number	Store Name	Ownership Type	Street Address	City	State/Province	Country	Postcode	Phone Number	Timezone	Longitude	Latitude
5069	Starbucks	31657-104436	سان ستيفانو	Licensed	طريق الكورنيش أبراج سان ستيفانو	NaN	ALX	EG	NaN	20120800287	GMT+2:00 Africa/Cairo	29.96	31.24
5088	Starbucks	32152-109504	الندبل سيتي	Licensed	كورنيش النيل أبراج الندبل سيتي	NaN	C	EG	NaN	20120800307	GMT+2:00 Africa/Cairo	31.23	30.07
5089	Starbucks	32314-115172	أسكندرية الصحراوي	Licensed	الكيلو 28 طريق الاسكندرية الصحراوي، سيتي ... سنتر	NaN	C	EG	NaN	20185022214	GMT+2:00 Africa/Cairo	31.03	30.06
5090	Starbucks	31479-105246	مكرم عبد	Licensed	شارع مكرم عبد، سيتي ستارز مول	NaN	C	EG	NaN	20120800332	GMT+2:00 Africa/Cairo	31.34	30.09
5091	Starbucks	31756-107161	سيتي ستارز 1	Licensed	شارع عمر بن الخطاب، سيتي ستارز مول	NaN	C	EG	NaN	20120800350	GMT+2:00 Africa/Cairo	31.33	30.06
5092	Starbucks	1397-139244	سيتي ستارز 3	Licensed	شارع عمر بن الخطاب، كارفور المعادي	NaN	C	EG	NaN	20120029885	GMT+2:00 Africa/Cairo	31.33	30.06
5093	Starbucks	32191-116645	معادي سيتي سنتر	Licensed	القطامية الطريق الدائري	NaN	C	EG	NaN	20185002677	GMT+2:00 Africa/Cairo	31.30	29.99

图 7.36 查看缺失值 2

```
def fill_na(x):
    return x

starbucks['City'] = starbucks['City'].fillna(fill_na(starbucks['State/Province']))
starbucks[starbucks['Country']=='EG']
```

	Brand	Store Number	Store Name	Ownership Type	Street Address	City	State/Province	Country	Postcode	Phone Number	Timezone	Longitude	Latitude
5069	Starbucks	31657-104436	سان ستيفانو	Licensed	طريق الكورنيش أبراج سان ستيفانو	ALX	ALX	EG	NaN	20120800287	GMT+2:00 Africa/Cairo	29.96	31.24
5070	Starbucks	15433-161464	Cityscape	Licensed	6 Of Octobe, El Horya Square, Giza	Cairo	C	EG	NaN	NaN	GMT+2:00 Africa/Cairo	31.35	30.13
5071	Starbucks	25827-242606	The Corner	Licensed	Zaker Hussein St. extension, Plot no. 4, Unit ...	Cairo	C	EG	NaN	NaN	GMT+2:00 Africa/Cairo	31.25	30.05
5072	Starbucks	26054-236446	The Hub	Licensed	Unit no :A1 Front of British School, 6 of oct/...	Cairo	C	EG	NaN	NaN	GMT+2:00 Africa/Cairo	31.27	30.01

图 7.37 填充缺失值

```
starbucks['Brand'].unique()

array(['Starbucks', 'Teavana', 'Evolution Fresh', 'Coffee House Holdings'], dtype=object)

new_data = starbucks[starbucks['Brand'] == 'Starbucks']

new_data['Brand'].unique()

array(['Starbucks'], dtype=object)

new_data.to_csv('H:\python数据分析\数据\starbucks.csv',index=False,encoding='utf-8')
```

图 7.38 过滤数据

7.5.4 数据探索

通过简单统计可以看出，星巴克店铺共有 25247 家分店，分布在 72 个国家或地区、5405 个城市，如图 7.39 所示。

对 Country 字段进行计数，筛选出店铺数量排名前 10 位的国家，如图 7.40 所示。从图中可知，美国位居榜首，中国次之。

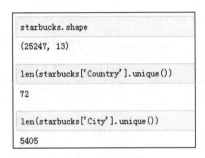

图 7.39　店铺基本情况

```
country_count = starbucks['Country'].value_counts()[0:10]
country_count

US    13311
CN     2734
CA     1415
JP     1237
KR      993
GB      901
MX      579
TR      326
PH      298
TH      289
Name: Country, dtype: int64
```

图 7.40　星巴克分布国家 Top10

通过下面的代码绘制柱状图，结果如图 7.41 所示。

```
plt.style.use('ggplot')                                #设置图表样式
labels = list(country_count.index)                     #刻度标签
plt.xlabel('Country')                                  #设置 X 轴标签
plt.ylabel('Count')                                    #设置 Y 轴标签
plt.title('Country Top 10')
plt.bar(range(len(labels)),country_count)
plt.xticks(range(len(labels)),labels,fontsize=12)      #设置刻度和刻度标签
```

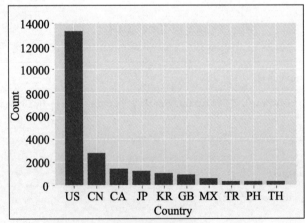

图 7.41　星巴克分布国家 Top10 柱状图

对 City 字段进行计数，筛选出店铺数量前 10 位的城市，如图 7.42 所示。上海市作为

国际化大都市，星巴克店铺数量最多，多于排名第 2 的城市将近 300 家，而西雅图作为星巴克的总部城市，排于第 10 名。

```
city_count = starbucks['City'].value_counts()[0:10]
city_count

上海市             542
Seoul         243
北京市             234
New York      230
London        215
Toronto       186
Mexico City   180
Chicago       179
Las Vegas     153
Seattle       151
Name: City, dtype: int64
```

图 7.42　星巴克分布城市 Top10

🔲 说明：图中的 Mexico City 指墨西哥的一些城市分布，数据集中将其算在一起了。

通过下面的代码绘制柱状图，如图 7.43 所示。

```
plt.figure(figsize=(10,6))                          #设置图片大小
plt.rcParams['font.sans-serif'] = ['simhei']        #指定默认字体
plt.rcParams['axes.unicode_minus'] = False
                                    #解决保存图像是负号'-'显示为方块的问题
labels = list(city_count.index)                     #刻度标签
plt.xlabel('City')                                  #设置 X 轴标签
plt.ylabel('Count')                                 #设置 Y 轴标签
plt.title('City Top 10')
plt.bar(range(len(labels)),city_count)
plt.xticks(range(len(labels)),labels)  #设置刻度和刻度标签
```

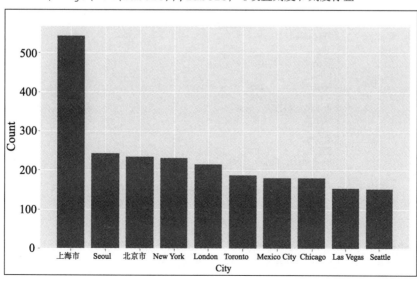

图 7.43　星巴克分布城市 Top10 柱状图

为了分析星巴克店铺在我国的分布情况，提取其中国的店铺数据进行单独存储，如图 7.44 所示。

```
china_data = starbucks[starbucks['Country'] == 'CN']
china_data.head()
```

	Brand	Store Number	Store Name	Ownership Type	Street Address	City	State/Province	Country
2036	Starbucks	22901-225145	北京西站第一咖啡店	Company Owned	丰台区, 北京西站通廊7-1号, 中关村南大街2号	北京市	11	CN
2037	Starbucks	32320-116537	北京华宇时尚店	Company Owned	海淀区, 数码大厦B座华宇时尚购物中心内, 蓝色港湾国际商区1座C1-3单元首层,	北京市	11	CN
2038	Starbucks	32447-132306	北京蓝色港湾圣拉娜店	Company Owned	朝阳区朝阳公园路6号, 二层C1-3单元及二层阳台, 太阳宫中路12号	北京市	11	CN
2039	Starbucks	17477-161286	北京太阳宫凯德嘉茂店	Company Owned	朝阳区, 太阳宫凯德嘉茂一层01-44/45号, 东三环北路27号	北京市	11	CN
2040	Starbucks	24520-237564	北京东三环北店	Company Owned	朝阳区, 嘉铭中心大厦A座B1层024商铺, 金融大街7号	北京市	11	CN

```
china_data.to_csv('H:\python数据分析\数据\cn_starbucks.csv',index=False,encoding='utf-8')
```

图 7.44　星巴克中国分布信息

对 City 字段进行计数，筛选出星巴克中国店铺数量前 10 位的城市，如图 7.45 所示。星巴克作为"小资"的标志，所以选址间接地反映了当地的经济实力。在中国，北（京）、上（海）、广（州）、深（圳）城市的店铺排名都是靠前的，这与当地的经济实力有密切的关系。

```
city_count = cn_starbucks['City'].value_counts()[0:10]
city_count
上海市          542
北京市          234
杭州市          117
深圳市          113
广州市          106
香港特别行政区   104
成都市           98
苏州市           90
南京市           73
武汉市           67
Name: City, dtype: int64
```

图 7.45　星巴克中国分布城市 Top10

通过下面的代码绘制柱状图，如图 7.46 所示。

```
plt.rcParams['font.sans-serif'] = ['simhei']          #指定默认字体
plt.rcParams['axes.unicode_minus'] = False
                                      #解决保存图像时负号'-'显示为方块的问题
labels = list(city_count.index)       #刻度标签
```

```
plt.xlabel('City')                              #设置 X 轴标签
plt.ylabel('Count')                             #设置 Y 轴标签
plt.title('星巴克各城市分布')
plt.barh(range(len(labels)),city_count)
plt.yticks(range(len(labels)),labels)           #设置刻度和刻度标签
```

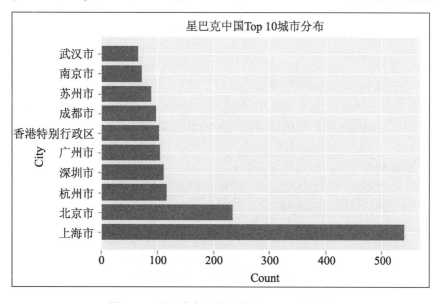

图 7.46　星巴克中国分布城市 Top10 柱状图

第 8 章　seaborn 可视化

seaborn 其实是在 matplotlib 的基础上进行了更高级的 API 封装，从而使绘图更容易、更美观。本章首先讲解如何使用 seaborn 样式和分布图，并介绍如何使用 seaborn 绘制分类图；然后介绍回归图的绘制和网格技术；最后通过一个综合示例，巩固 seaborn 的可视化方法和技巧。

下面给出本章涉及的知识点与学习目标。

- 样式与分布图：学会 seaborn 的样式和分布图的绘制方法。
- 分类图：学会利用 seaborn 绘制分类图。
- 回归图与网格：学会绘制回归图和网格技术。

8.1　样式与分布图

本节主要介绍 seaborn 中设定好的 5 种主题样式，并介绍怎样自定义样式，讲解如何通过 seaborn 绘制分布图。

8.1.1　seaborn 样式

seaborn 中有预先设计好的 5 种主题样式：darkgrid、dark、whitegrid、white 和 ticks，默认使用 darkgrid 主题样式。首先使用 matplotlib 库进行绘图，如图 8.1 所示为 matplotlib 默认的样式。

```
import numpy as np
import pandas as pd
import matplotlib.pyplot as plt
import seaborn as sns
%matplotlib inline
#导入对应的库

years = [1950, 1960, 1970, 1980, 1990, 2000, 2010]
gdp = [300.2, 543.3, 1075.9, 2862.5, 5979.6, 10289.7, 14958.3]
#定义数据

plt.scatter(years, gdp)
#绘图
```

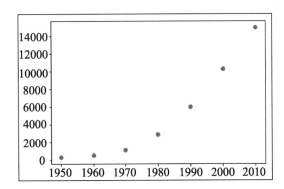

图 8.1　matplotlib 默认样式

通过 set_style 方法可以进行主题样式的设置，这里使用 darkgrid 主题，与 matplotlib 的默认样式进行对比。如图 8.2 所示，可以看出图中增加了灰白色的背景和网格线。

```
sns.set_style("darkgrid")
plt.scatter(years, gdp)
```

而使用 dark 主题就不会有网格线，如图 8.3 所示。

```
sns.set_style("dark")
plt.scatter(years, gdp)
```

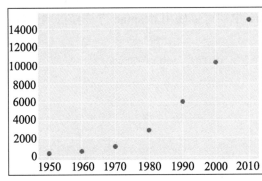

图 8.2　darkgrid 主题

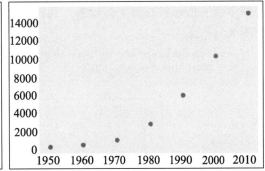

图 8.3　dark 主题

⚠注意：其余样式读者可以自行测试。

在 seaborn 中，set 方法更为常用，因为其可以同时设置主题、调色板等多个样式。style 参数为主题设置；palette 参数用于设置调色板，当设置不同的调色板时，使用的图表颜色也不同；color_codes 参数设置颜色代码，设置过后，可以使用 r、g 来设置颜色，如图 8.4 所示。

```
sns.set(style="white", palette="muted", color_codes=True)
plt.plot(np.arange(10))
#style 为主题
#palette 为调色板
# color_codes 为颜色代码
```

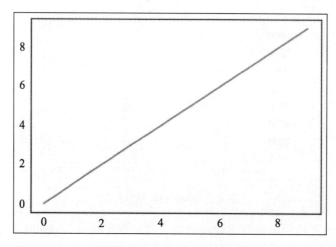

图 8.4　通过 set 方法绘制

8.1.2　坐标轴移除

在 seaborn 主题中，white 和 ticks 主题都会存在 4 个坐标轴。在 matplotlib 中是无法去掉多余的顶部和右侧坐标轴的，而在 seaborn 中却可以使用 despine 方法轻松地去除，如图 8.5 所示。

```
sns.set(style="white", palette="muted", color_codes=True)
plt.plot(np.arange(10))
sns.despine()
```

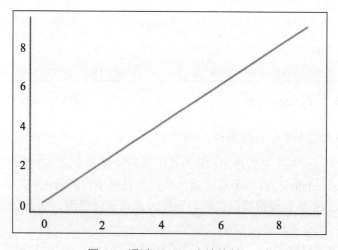

图 8.5　通过 despine 方法绘制 1

使用 despine 方法可以对坐标轴进行更有趣的变化，设置 offset 参数可以偏移坐标轴，trim 参数可修剪刻度，如图 8.6 所示。

```
sns.set(style="white", palette="muted", color_codes=True)
plt.plot(np.arange(10))
sns.despine(offset=10, trim=True)
```

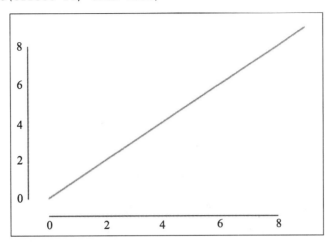

图 8.6　通过 despine 方法绘制 2

当然也可以指定移除哪些坐标轴，如图 8.7 所示。

```
sns.set(style="whitegrid", palette="muted", color_codes=True)
plt.plot(np.arange(10))
sns.despine(left=True, bottom=True)
```

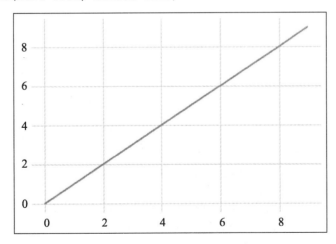

图 8.7　通过 despine 方法绘制 3

8.1.3　单变量分布图

在接下来的 seaborn 可视化中，使用 seaborn 中自带的小费数据集，首先将其读入 DataFrame 中，如图 8.8 所示。

```
tips=sns.load_dataset('tips')
tips.head()
```

	total_bill	tip	sex	smoker	day	time	size
0	16.99	1.01	Female	No	Sun	Dinner	2
1	10.34	1.66	Male	No	Sun	Dinner	3
2	21.01	3.50	Male	No	Sun	Dinner	3
3	23.68	3.31	Male	No	Sun	Dinner	2
4	24.59	3.61	Female	No	Sun	Dinner	4

图 8.8　小费数据集

🔔**说明**：小费数据集中，total_bill 为消费总金额；tip 为小费；sex 为顾客性别；smoker 为顾客是否抽烟；day 为消费的星期；time 为聚餐的时间段；size 为聚餐人数。

对于单变量分布图的绘制，在 seaborn 中使用 distplot 函数。默认情况下会绘制一个直方图，并嵌套一个与之对应的密度图。这里绘制 total_bill 的分布图，如图 8.9 所示。

```
sns.set(color_codes=True)
sns.distplot(tips['total_bill'])
```

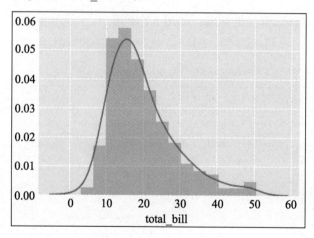

图 8.9　通过 distplot 方法绘制 1

利用 distplot 方法绘制的直方图与 matplotlib 是类似的。在 distplot 的参数中，可以选择不绘制密度图。这里使用 rug 参数绘制毛毯图，其可以为每个观测值绘制小细线（边际毛毯），也可以单独用 rugplot 进行绘制，如图 8.10 所示。

```
sns.distplot(tips['total_bill'], kde=False, rug=True)
#不绘制 kde, 绘制 rug
```

在 matplotlib 中，可以通过 bins 参数来设置分段。在 distplot 方法中也是同样的设置方法，如图 8.11 所示。

```
sns.distplot(tips['total_bill'],bins=30, kde=False, rug=True)
```

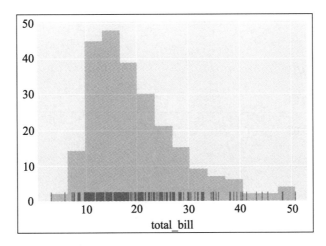

图 8.10　通过 distplot 方法绘制 2

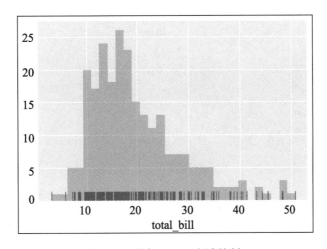

图 8.11　通过 distplot 方法绘制 3

如果设置 hist 为 False，就可以去掉直方图而绘制密度图，如图 8.12 所示。

```
sns.distplot(tips['total_bill'], hist=False, rug=True)
```

通过 distplot 函数可以同时绘制直方图、密度图和毛毯图，但这些分布图都有对应的具体绘图函数。其中，kdeplot 函数可以绘制密度图，rugplot 函数用于绘制毛毯图。下面通过 matplotlib 的 subplots 函数创建两个子图，然后分别用 distplot 函数绘制对应的分布图表，如图 8.13 所示。

```
fig, axes = plt.subplots(1,2,figsize=(10, 5))            #设置子图和图表大小
sns.distplot(tips['total_bill'], ax = axes[0], kde = False)
sns.rugplot(tips['total_bill'], ax = axes[0])
sns.kdeplot(tips['total_bill'], ax = axes[1], shade=True)#设置 shade 加阴影
sns.rugplot(tips['total_bill'], ax = axes[1])
```

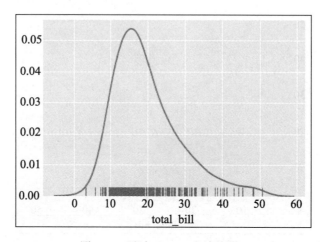

图 8.12　通过 distplot 方法绘制 4

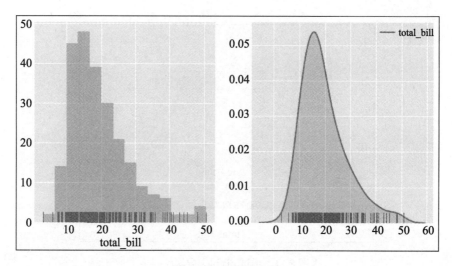

图 8.13　各类分布图

8.1.4　多变量分布图

在 matplotlib 中，为了绘制两个变量的分布关系，常使用散点图的方法。在 seaborn 中，使用 jointplot 函数绘制一个多面板图，不仅可以显示两个变量的关系，也可以显示每个单变量的分布情况。

下面绘制 tip 和 total_bill 的分布图，如图 8.14 所示。这里除了有散点图外，还有两个变量的直方图。

```
sns.jointplot(x="tip", y="total_bill", data=tips)
#x 和 y 是列名
#data 是数据来源，这里是小费的 DataFrame
```

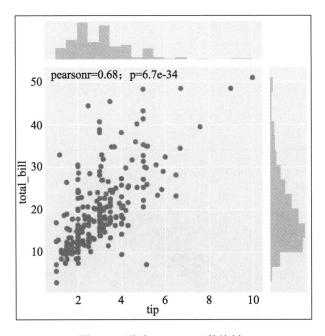

图 8.14　通过 jointplot 函数绘制 1

在 jointplot 函数中，改变 kind 参数为 kde（密度图），单变量的分布就会用密度图来代替，而散点图会被等高线图代替，如图 8.15 所示。

```
sns.jointplot(x="tip", y="total_bill", data=tips, kind='kde')
```

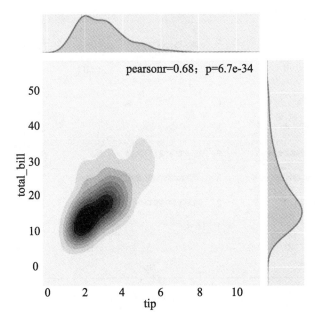

图 8.15　通过 jointplot 函数绘制 2

在数据集中，如果要体现多变量的分布情况，就需要成对的二元分布图。在 seaborn 中，可以使用 pairplot 函数来完成二元分布图，该函数会创建一个轴矩阵，以此显示 DataFrame 中每两列的关系，在对角上为单变量的分布情况。

pairplot 函数只对数值类型的列有效。如图 8.16 所示为绘制小费数据集的多变量分布情况图，代码如下：

```
sns.pairplot(tips)
```

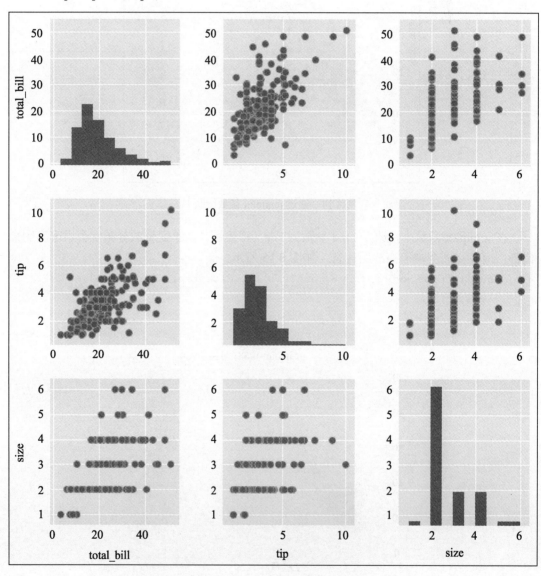

图 8.16　小费数据集多变量分布图

8.2　分类图

本节讲解分类数据的可视化技术，主要介绍在 seaborn 中如何绘制分类散点图、箱线图、琴形图和柱状图。

8.2.1　分类散点图

在 seaborn 中，通过 stripplot 函数可以显示度量变量在每个类别的值。在小费数据集中，显示 total_bill 在 day 上的值的分布，效果如图 8.17 所示。代码如下：

```
sns.set(style="white", color_codes=True)        #设置样式
sns.stripplot(x="day", y="total_bill", data=tips)
sns.despine()                                   #去坐标轴
```

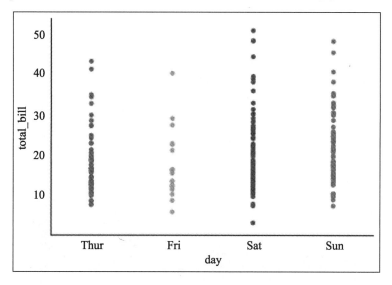

图 8.17　通过 stripplot 函数绘制 1

从图 8.17 中可以看出，散点图中由于数据较多，很多散点都会被覆盖。这时可以加入抖动（jitter=True），这样就可以看清多数数据点，效果如图 8.18 所示。代码如下：

```
sns.stripplot(x="day", y="total_bill", data=tips, jitter=True)
sns.despine()
```

如果需要看清每个数据点，可以使用 swarmplot 函数，效果如图 8.19 所示。代码如下：

```
sns.swarmplot(x="day", y="total_bill", data=tips)
sns.despine()
```

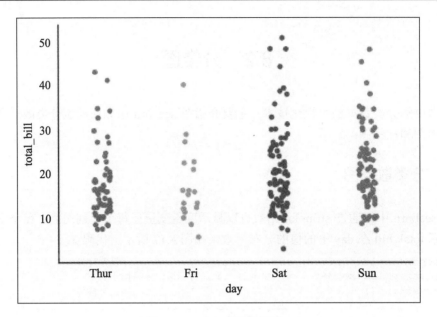

图 8.18　stripplot 函数绘制 2

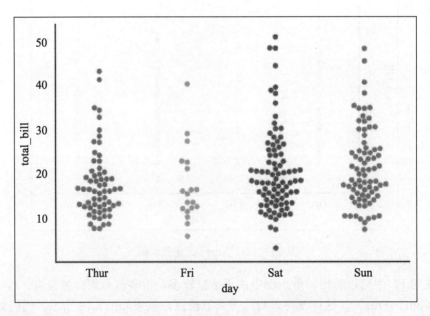

图 8.19　swarmplot 函数绘制 1

通过 swarmplot 函数的 hue 参数可以多嵌套一个分类变量，在图表中会以不同的色彩来表现，如图 8.20 所示。

```
sns.swarmplot(x="day", y="total_bill", hue="sex", data=tips)
sns.despine()
```

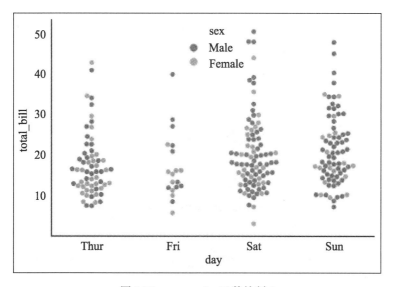

图 8.20　swarmplot 函数绘制 2

8.2.2　箱线图与琴形图

在某些情况下，分类散点图表达的值的分布信息有限，这时就需要一些其他的绘图图形。箱线图就是一个不错的选择，箱线图可以观察四分位数、中位数和极值。在 seaborn 中使用 boxplot 函数来绘制箱线图，效果如图 8.21 所示。代码如下：

```
sns.boxplot(x="day", y="total_bill", hue="time", data=tips)
sns.despine()
```

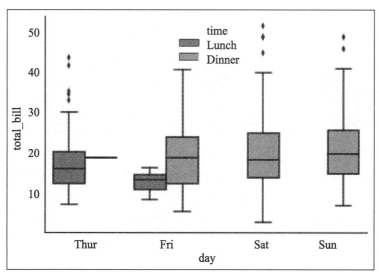

图 8.21　箱线图

　　琴形图结合了箱线图与核密度估计图，在 seaborn 中，使用 violinplot 来绘制琴形图，效果如图 8.22 所示。代码如下：

```
sns.set(style="whitegrid", color_codes=True)
sns.violinplot(x="total_bill", y="day", hue="time", data=tips)
#x 和 y 轴颠倒
```

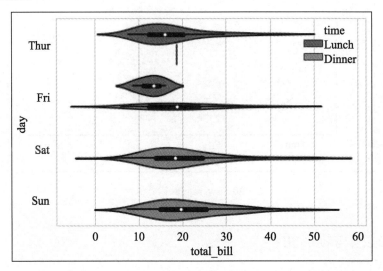

图 8.22　琴形图 1

　　利用 split 参数可以将分类数据进行切分，这样绘制的琴形图两边的颜色就代表了不同的类别；在琴形图中，利用 inner 参数可以对每个数据进行可视化，而不是只能查看箱线图的那几个统计值，效果如图 8.23 所示。代码如下：

```
sns.set(style="whitegrid", color_codes=True)
fig, axes = plt.subplots(1,2,figsize=(10, 5))
#设置样式与子图

sns.violinplot(x="day", y="total_bill", hue="sex", data=tips,
               split=True, ax=axes[0])
#对数据切分

sns.violinplot(x="day", y="total_bill", hue="sex", data=tips,
               split=True, inner="stick", palette="Set3",ax=axes[1])
#对数据切分并对每个数据可视化
```

　　这些分类图函数可以相互组合，实现更加强大的可视化效果，效果如图 8.24 所示。代码如下：

```
sns.set(style="whitegrid", color_codes=True)
fig, axes = plt.subplots(1,2,figsize=(10, 5))
#设置样式与子图

sns.violinplot(x="day", y="total_bill", data=tips,
               inner=None, ax=axes[0])
```

```
#inner 内部不填充
sns.swarmplot(x="day", y="total_bill", data=tips,
        color="w", alpha=.5, ax=axes[0])

sns.boxplot(x="day", y="total_bill", data=tips, ax=axes[1])
sns.stripplot(x="day", y="total_bill", data=tips,
        jitter=True, color="w", alpha=.5, ax=axes[1])
```

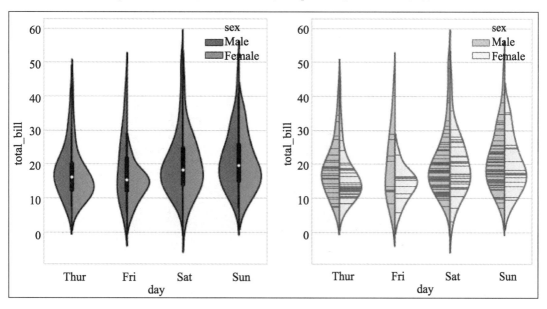

图 8.23　琴形图 2

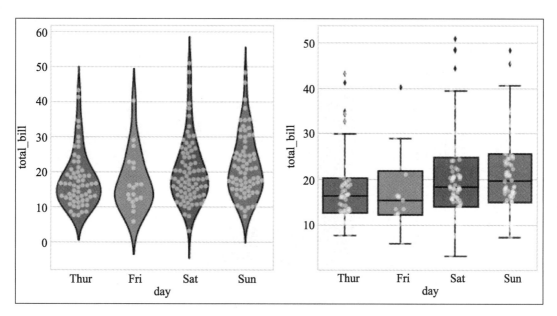

图 8.24　分类图组合

8.2.3　柱状图

在 seaborn 中使用 barplot 函数来绘制柱状图，默认情况下使用 barplot 函数绘制的 y 轴是平均值，且在每个柱状条上会绘制误差条，如图 8.25 所示。

```
sns.barplot(x="sex", y="tip", hue="day", data=tips)
```

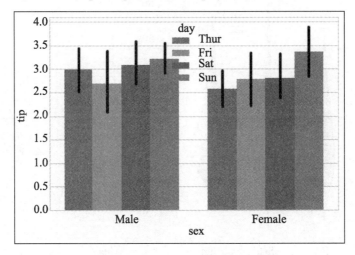

图 8.25　使用 barplot 函数绘制柱状图

在柱状图中，常绘制类别的计数柱状图。如果使用 matplotlib 函数进行绘制，首先需要对 DataFrame 进行计算；而在 seaborn 中，使用 countplot 函数即可，如图 8.26 所示。

```
sns.countplot(x="size",data=tips, palette="Greens_d")
#绿色渐变调色板
```

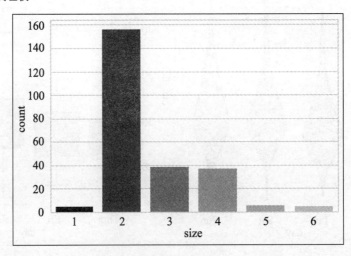

图 8.26　使用 countplot 函数绘制柱状图

8.3　回归图与网格

本节将讲解如何利用 seaborn 绘制回归图来揭示两个变量间的线性关系，以及如何利用网格技术绘制多子图。

8.3.1　回归图

在 seaborn 中，使用 jointplot 函数可以显示两个变量的联合分布情况，使用统计模型来估计两个变量间的简单关系也是非常有必要的。可以使用 regplot 和 lmplot 函数来绘制回归图，其绘制的图表是一样的，如图 8.27 所示。

```
sns.set(style="darkgrid", color_codes=True)
sns.regplot(x="total_bill", y="tip", data=tips)

sns.lmplot(x="total_bill", y="tip", data=tips)
```

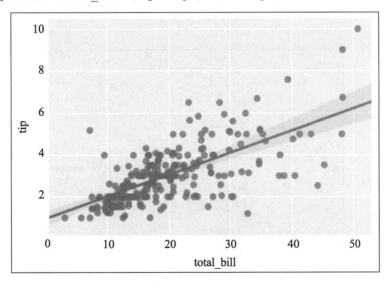

图 8.27　回归图 1

⚠注意：regplot 和 lmplot 函数传入的数据格式略有不同。

在回归图中，也可以不绘制置信区间，如图 8.28 所示。

```
sns.lmplot(x="total_bill", y="tip", data=tips, ci=None)
```

在上面的回归图中显示的是一对变量间的关系，使用 hue 参数可以加入一个分类的变量，通过不同颜色来表现，效果如图 8.29 所示。代码如下：

```
sns.lmplot(x="total_bill", y="tip", hue="smoker", data=tips)
```

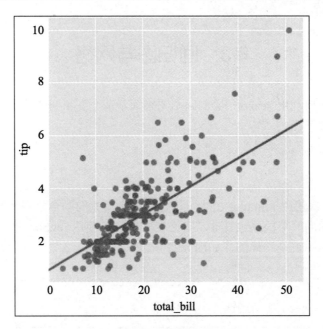

图 8.28　回归图 2

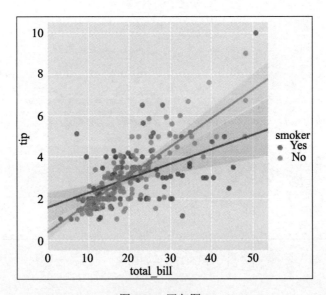

图 8.29　回归图 3

如果添加一个变量，可以绘制子图，效果如图 8.30 所示。代码如下：

```
sns.lmplot(x="total_bill", y="tip", hue="smoker", col="time", data=tips)
```

同样再添加两个变量，效果如图 8.31 所示。代码如下：

```
sns.lmplot(x="total_bill", y="tip", hue="smoker",
        col="time", row="sex", data=tips)
```

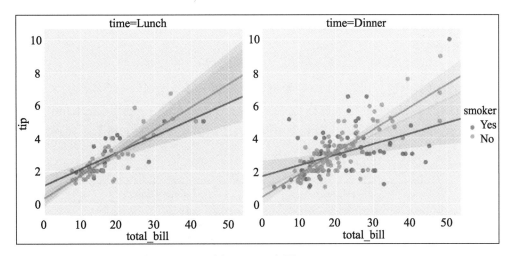

图 8.30　回归图 4

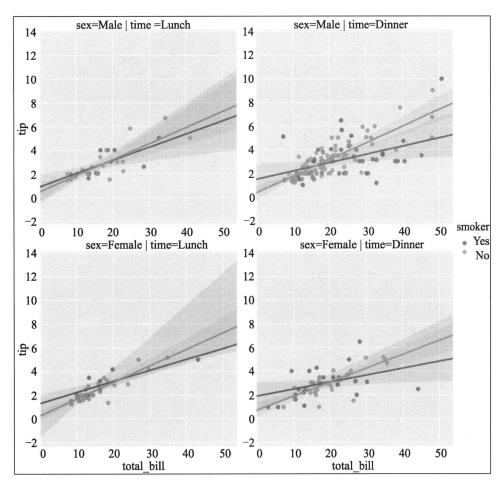

图 8.31　回归图 5

8.3.2　网格

在对多维度数据进行可视化时，在数据集的不同子集上绘制同一个绘图的多个实例是一件非常有用的事情，这种技术被称为网格技术。在 seaborn 中，使用 FacetGrid 来创建对象，然后使用 map 方法就可以绘制多个实例图表了，效果如图 8.32 所示。代码如下：

```
g = sns.FacetGrid(tips, col="time")
g.map(plt.hist, "tip")
```

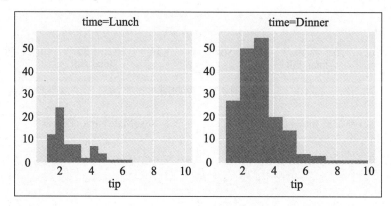

图 8.32　网格技术绘图 1

matplotlib 的基本图形都可以在该对象中绘制，如图 8.33 所示为绘制的散点图。代码如下：

```
g = sns.FacetGrid(tips, col="sex", hue="smoker")
g.map(plt.scatter, "total_bill", "tip", alpha=.7)
g.add_legend()
```

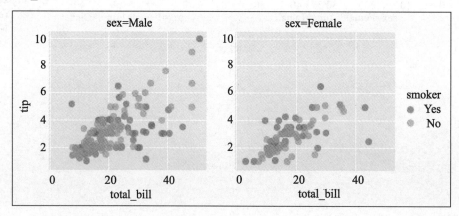

图 8.33　网格技术绘图 2

同样，也可以添加多个变量用于绘制多个图表，效果如图 8.34 所示。代码如下：

```
g = sns.FacetGrid(tips, col="sex", row='time')
g.map(sns.boxplot, 'size', 'tip')
```

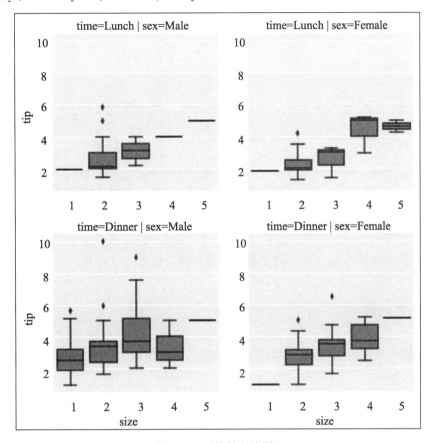

图 8.34　网格技术绘图 3

8.4　综合示例——泰坦尼克号生还者数据

本节以泰坦尼克号的生还者数据为例，讲解 seaborn 的可视化方法和技巧。

8.4.1　数据来源

本例使用 seaborn 中自带的泰坦尼克号生还乘客的数据集，如图 8.35 所示。

其中，主要的字段有：survived 和 alive 为乘客的生还情况；pclass 与 class 为船舱等级；sex 和 who 为乘客性别；age 为乘客年龄；sibsp 和 parch 为是否带有家属，后面统一用 alone 字段代表是否有家属；fare 为船票价格；embarked 和 embarked_town 为上船地点。

```
import numpy as np
import pandas as pd
import seaborn as sns
import matplotlib.pyplot as plt
%matplotlib inline
```

```
titanic = sns.load_dataset("titanic")
titanic.head()
```

	survived	pclass	sex	age	sibsp	parch	fare	embarked	class	who	adult_male	deck	embark_town	alive	alone
0	0	3	male	22.0	1	0	7.2500	S	Third	man	True	NaN	Southampton	no	False
1	1	1	female	38.0	1	0	71.2833	C	First	woman	False	C	Cherbourg	yes	False
2	1	3	female	26.0	0	0	7.9250	S	Third	woman	False	NaN	Southampton	yes	True
3	1	1	female	35.0	1	0	53.1000	S	First	woman	False	C	Southampton	yes	False
4	0	3	male	35.0	0	0	8.0500	S	Third	man	True	NaN	Southampton	no	True

图 8.35　数据情况

注意：这里的数据与 kaggle 上的竞赛题略有不同，已进行过处理。

8.4.2　定义问题

本次分析中提出两个问题：泰坦里克号乘客的基本信息分布情况；乘客的信息与生还数据是否有关联。

8.4.3　数据清洗

首先查看是否有缺失值，如图 8.36 所示。

```
titanic.isnull().sum()

survived        0
pclass          0
sex             0
age           177
sibsp           0
parch           0
fare            0
embarked        2
class           0
who             0
adult_male      0
deck          688
embark_town     2
alive           0
alone           0
dtype: int64
```

图 8.36　查看缺失值

　　然后对年龄缺失值进行处理。通过 seaborn 的 distplot 函数查看乘客的年龄分布，效果如图 8.37 所示。代码如下：

```
sns.set(style="darkgrid", palette="muted", color_codes=True)
sns.distplot(titanic[titanic['age'].notnull()]['age'])
```

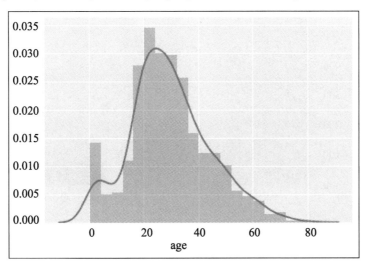

图 8.37　年龄分布

　　这里发现年龄呈正态分布，于是用年龄的均值进行缺失值的填充，再进行年龄分布的可视化，效果如图 8.38 所示。代码如下：

```
titanic['age'] = titanic['age'].fillna(titanic['age'].mean())
sns.distplot(titanic['age'])
```

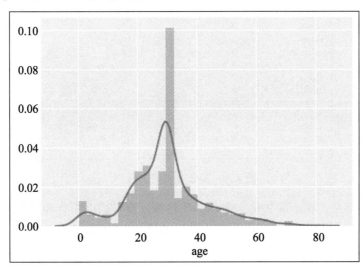

图 8.38　年龄插值

然后利用 countplo 方法对 embarked 进行可视化，效果如图 8.39 所示。代码如下：

```
sns.countplot(x="embarked",data=titanic)
```

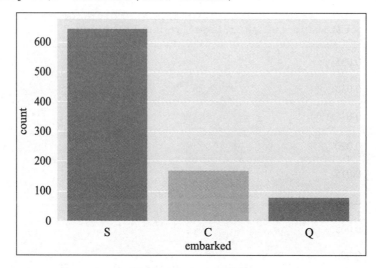

图 8.39　embarked 计数

接着再利用正确的登船地点 S 进行缺失值的填充，效果如图 8.40 所示。代码如下：

```
titanic['embarked'] = titanic['embarked'].fillna('S')
titanic.isnull().sum()

survived        0
pclass          0
sex             0
age             0
sibsp           0
parch           0
fare            0
embarked        0
class           0
who             0
adult_male      0
deck          688
embark_town     2
alive           0
alone           0
dtype: int64
```

图 8.40　填充 embarked 字段

对于 deck 字段，由于缺失值太多，因此将其删除；数据中有许多多余字段，在这里一次性进行删除。如图 8.41 所示为数据清洗后的数据。代码如下：

```
titanic
titanic.drop(['survived','pclass','sibsp','parch','who','
adult_male','deck','embark_town'],axis=1)
titanic.head()
```

	sex	age	fare	embarked	class	alive	alone
0	male	22.0	7.2500	S	Third	no	False
1	female	38.0	71.2833	C	First	yes	False
2	female	26.0	7.9250	S	Third	yes	True
3	female	35.0	53.1000	S	First	yes	False
4	male	35.0	8.0500	S	Third	no	True

图 8.41　清洗后的数据

8.4.4　数据探索

首先可视化乘客的性别分布，效果如图 8.42 所示。由图可知，男性乘客比女性乘客更多一些。代码如下：

```
sns.countplot(x="sex",data=titanic)
```

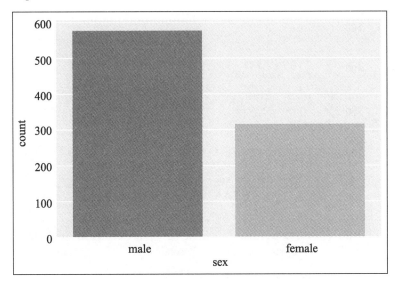

图 8.42　性别分布

然后结合性别，绘制乘客年龄分布箱线图，效果如图 8.43 所示。由图可以看出，男性与女性的年龄分布很接近，但女性乘客的年龄跨度更大一些。代码如下：

```
sns.boxplot(x='sex',y='age',data=titanic)
```

接着对船舱等级进行计数，效果如图 8.44 所示。由图可以看出，第三级船舱数量最多。代码如下：

```
sns.countplot(x="class",data=titanic)
```

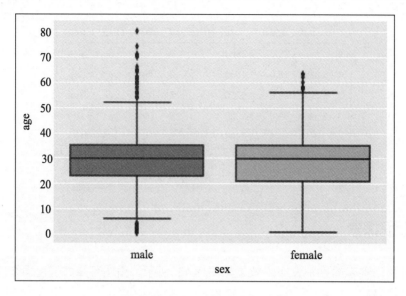

图 8.43　性别、年龄分布箱线图

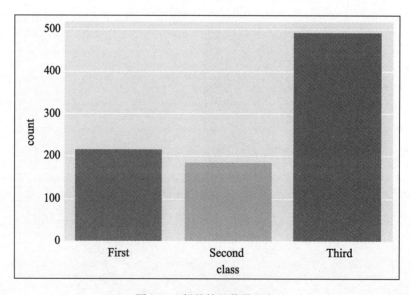

图 8.44　船舱等级数量分布

　　然后再结合船舱等级，绘制乘客年龄分布箱线图，效果如图 8.45 所示。由图中可以看出，头等舱的年龄跨度较大，第三级船舱的中年人分布最多。代码如下：

```
sns.violinplot(x="class", y="age", data=titanic)
```

　　接着对 alone 字段进行计数，效果如图 8.46 所示》由图可以看出，单独的乘客数量更多一些。代码如下：

```
sns.countplot(x="alone",data=titanic)
```

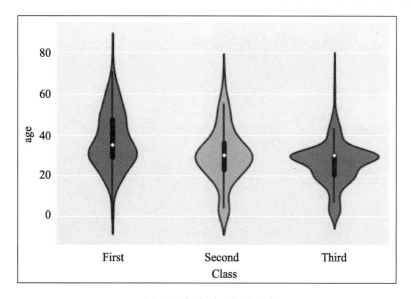

图 8.45　船仓等级年龄分布

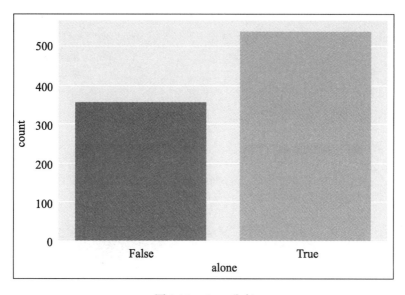

图 8.46　alone 分布

　　接下来重点分析生还乘客与其他字段之间是否有关联。首先,对生还字段计数可视化,效果如图 8.47 所示。从图中可以看出,未生还的乘客人数更多一些。代码如下:

```
sns.countplot(x="alive",data=titanic)
```

　　一般,女性在特殊情况下会被优先考虑。如图 8.48 所示,生还乘客中女性占大多数,代码如下:

```
sns.countplot(x='alive',hue='sex',data=titanic)
```

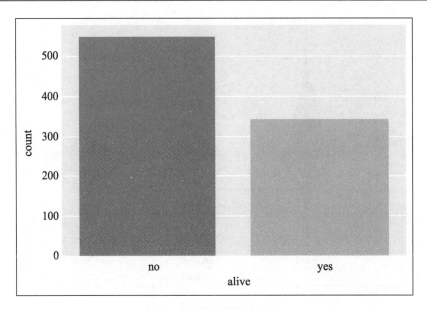

图 8.47　生还乘客分布

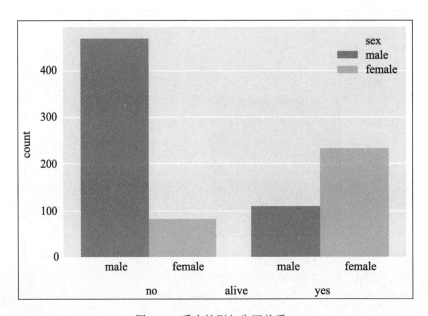

图 8.48　乘客性别与生还关系 1

利用网格技术，可以进行更好的对比，效果如图 8.49 所示。代码如下：

```
g = sns.FacetGrid(titanic, col='sex')
g.map(sns.countplot, 'alive')
```

此外，老人和小孩也是优先考虑的对象，因此这里对年龄进行分级，分开小孩和老人的数据，数据如图 8.50 所示。代码如下：

```
def agelevel(age):
    if age <= 16:
        return 'child'
    elif age >= 60:
        return 'aged'
    else:
        return 'midlife'

titanic['age_level'] = titanic['age'].map(agelevel)
```

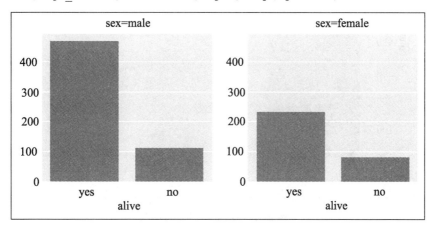

图 8.49　乘客性别与生还关系 2

```
titanic.head()
```

	sex	age	fare	embarked	class	alive	alone	age_level
0	male	22.0	7.2500	S	Third	no	False	midlife
1	female	38.0	71.2833	C	First	yes	False	midlife
2	female	26.0	7.9250	S	Third	yes	True	midlife
3	female	35.0	53.1000	S	First	yes	False	midlife
4	male	35.0	8.0500	S	Third	no	True	midlife

图 8.50　年龄分级

　　然后对分级后的年龄进行可视化，效果如图 8.51 所示。由图可以看出，成年人乘客数量占比很大，而小孩和年长乘客的占比较小。代码如下：

```
sns.countplot(x='age_level',data=titanic)
```

　　如图 8.52 所示，乘客年龄与生还乘客之间的关系并不明显，但小孩的生还几率还是比较大的，而老人却相对更小。

```
sns.countplot(x='alive',hue='age_level',data=titanic)
```

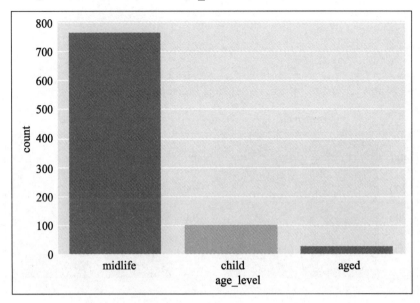

图 8.51　乘客年龄等级分布

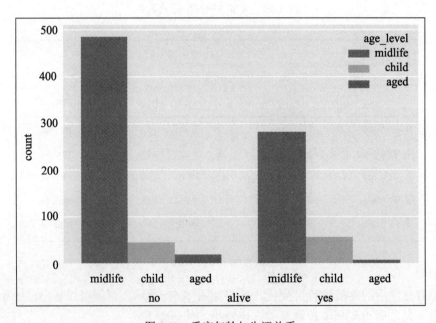

图 8.52　乘客年龄与生还关系

最后结合 class 和 alone 字段进行分析，效果如图 8.53 所示。由图可以看出，乘客舱位等级越高，生还的几率越大，单独的乘客生还的几率也更大一些。代码如下：

```
g = sns.FacetGrid(titanic, col='class', row='alone')
g.map(sns.countplot, 'alive')
```

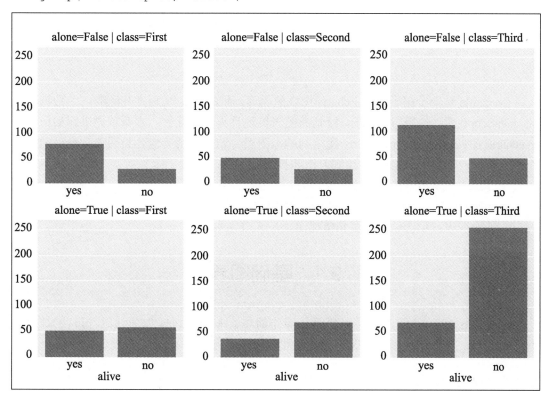

图 8.53　舱位等级（class）、是否有家属（alone）字段与生还关系

第 9 章 pyecharts 可视化

pyecharts 是一个用于生成 Echarts 图表的类库；而 Echarts 是百度开源的一个数据可视化 JavaScnpt 库。使用 pyecharts 绘制的图表美观且具有交互性。本章首先讲解如何安装 pyecharts 库；如何使用 pyecharts 库绘制基本图表；如何绘制其他各类图表。最后通过一个综合示例，巩固 pyecharts 的绘制方法和技巧。

下面给出本章涉及的知识点与学习目标。

- pyecharts 库：学会该库的安装和基本用法。
- 其他图表：学会绘制饼图和箱线图。

9.1 基础图表

pyecharts 绘制的图表不仅美观而且操作简单。本节将讲解如何通过 pip 工具安装 pyecharts 库，并介绍绘制散点图、折线图和柱状图的方法。

9.1.1 pyecharts 安装

pyecharts 库使用 PIP 工具安装即可，具体见图 9.1 所示。

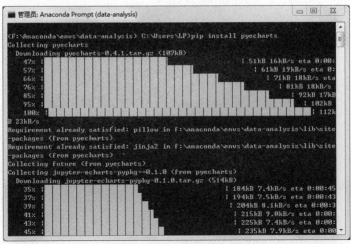

图 9.1 安装 pyecharts

如果显示如图 9.2 所示的提示，则表示安装成功。

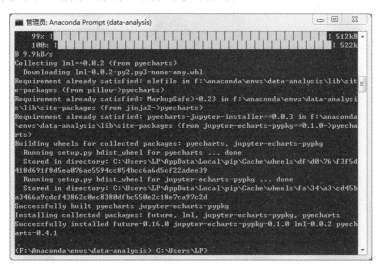

图 9.2　安装成功

9.1.2　散点图

pyecharts 库可绘制多种图形。利用 Scatter 方法可绘制散点图，代码如下：

```
import numpy as np
import pandas as pd
import pyecharts

x = [10, 20, 30, 40, 50, 60]
y = [10, 20, 30, 40, 50, 60]
scatter = pyecharts.Scatter("散点图示例")        #加入标题
scatter.add('A', x, y)                          #绘制散点图
scatter
```

pyecharts 绘图的核心代码是 add 方法，该方法用于添加图表的数据和设置各种配置项。在 scatter 中，add 函数的参数如下，其中，name 为图例名称，后面依次为 x 轴和 y 轴，symbol_size 为散点图大小，默认为 10。

```
add(name, x_axis, y_axis,
    extra_data=None,
    symbol_size=10, **kwargs)
```

绘制的散点图如图 9.3 所示。

利用 Visualmap 组件，可以通过图形点大小映射数值，效果如图 9.4 所示。代码如下：

```
x = [10, 20, 30, 40, 50, 60]
y = [10, 20, 30, 40, 50, 60]
scatter = pyecharts.Scatter("散点图示例")
```

```
scatter.add('A', x, y, is_visualmap=True,
        visual_type='size', visual_range_size=[10, 60])
scatter
```

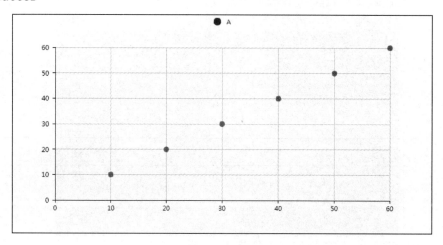

图 9.3　散点图 1

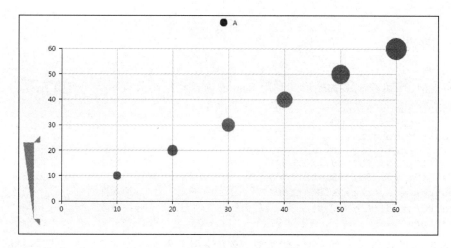

图 9.4　散点图 2

9.1.3　折线图

利用 Line 方法可绘制折线图，代码如下：

```
years = [1950, 1960, 1970, 1980, 1990, 2000, 2010]
gdp = [300.2, 543.3, 1075.9, 2862.5, 5979.6, 10289.7, 14958.3]
line = pyecharts.Line("折线图示例")
line.add("GDP", years, gdp, mark_point=["average"])        #标记平均值
line
```

下面给出 line.add 方法的参数。is_symbol_show 显示标记图形；is_smooth 显示平滑曲线；is_stack 显示数据堆叠；is_step 设置阶梯线图；is_fill 绘制面积图，具体代码如下：

```
add(name, x_axis, y_axis,
    is_symbol_show=True,
    is_smooth=False,
    is_stack=False,
    is_step=False,
    is_fill=False, **kwargs)
```

绘制的折线图如图 9.5 所示。

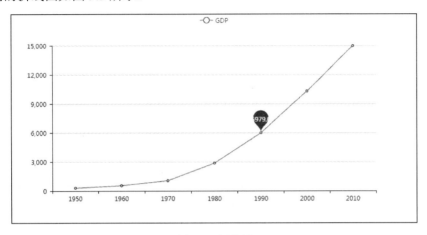

图 9.5　折线图

下面给出通过设置 is_step 参数绘制阶梯图的代码，最终的效果如图 9.6 所示。

```
years = [1950, 1960, 1970, 1980, 1990, 2000, 2010]
gdp = [300.2, 543.3, 1075.9, 2862.5, 5979.6, 10289.7, 14958.3]
line = pyecharts.Line("阶梯图")
line.add("GDP", years, gdp, is_step=True)
line
```

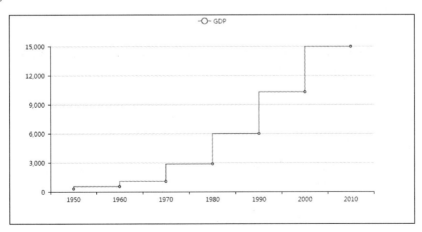

图 9.6　阶梯图

下面给出通过设置 is_fill 参数绘制面积图的代码。其中，area_color 为填充颜色，area_opacity 为透明度，效果如图 9.7 所示。

```
years = [1950, 1960, 1970, 1980, 1990, 2000, 2010]
gdp = [300.2, 543.3, 1075.9, 2862.5, 5979.6, 10289.7, 14958.3]
line = pyecharts.Line("面积图")
line.add("GDP", years, gdp, is_fill=True, area_color='#000',area_opacity=0.3)
line
```

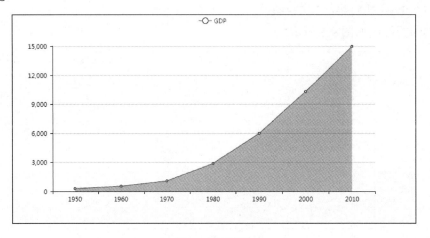

图 9.7　面积图

9.1.4　柱状图

利用 Bar 方法可以绘制柱状图，代码如下：

```
data = [23, 85, 72, 43, 52]
labels = ['A','B','C','D','E']
bar = pyecharts.Bar("柱状图")
bar.add("one", labels, data)
bar
```

下面给出 bar.add 方法的参数。其中，is_stack 为堆积柱状图；bar_category_gap 为类目间的距离，值为 0 时则可以绘制直方图。

```
add(name, x_axis, y_axis,
    is_stack=False,
    bar_category_gap='20%', **kwargs)
```

绘制的柱状图如图 9.8 所示。

使用多个 add 方法可以绘制并列柱状图，效果如图 9.9 所示。，代码如下：

```
data1 = [23, 85, 72, 43, 52]
data2 = [14, 35, 62, 41, 19]
labels = ['A','B','C','D','E']
bar = pyecharts.Bar("并列柱状图")
bar.add("one", labels, data1)
```

```
bar.add('two', labels, data2)
bar
```

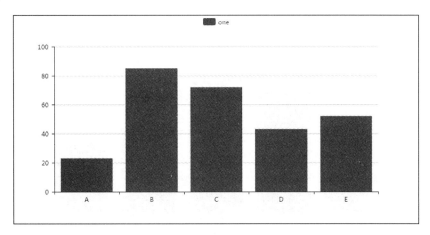

图 9.8　柱状图

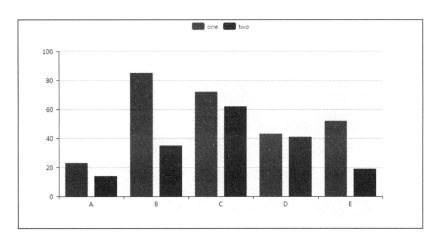

图 9.9　并列柱状图

通过设置 is_stack 参数可以绘制堆积柱状图，效果如图 9.10 所示。代码如下：

```
data1 = [23, 85, 72, 43, 52]
data2 = [14, 35, 62, 41, 19]
labels = ['A','B','C','D','E']
bar = pyecharts.Bar("堆积柱状图")
bar.add("one", labels, data1, is_stack=True)
bar.add('two', labels, data2, is_stack=True)
bar
```

通过设置 is_convert 参数可以绘制垂直柱状图，效果如图 9.11 所示。代码如下：

```
data1 = [23, 85, 72, 43, 52]
labels = ['A','B','C','D','E']
bar = pyecharts.Bar("垂直柱状图")
```

```
bar.add("one", labels, data1, is_convert=True)
bar
```

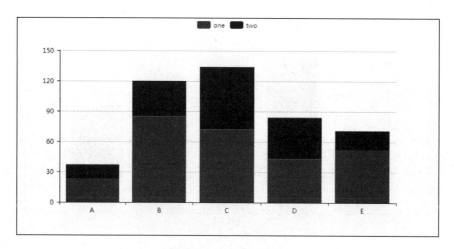

图 9.10　堆积柱状图

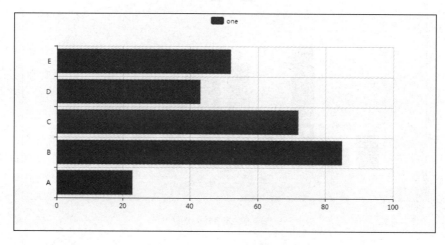

图 9.11　垂直柱状图

通过设置 mark_point 和 mark_line 参数可以标记点和线，效果如图 9.12 所示。代码如下：

```
data1 = [23, 85, 72, 43, 52]
data2 = [14, 35, 62, 41, 19]
labels = ['A','B','C','D','E']
bar = pyecharts.Bar("标记点和线")
bar.add("one", labels, data1, mark_point=['average'])
bar.add('two', labels, data2, mark_point=['max'], mark_line=['min','max'])
bar
```

注意：全局变量 mark_line 要写入最后一个 add 方法中。

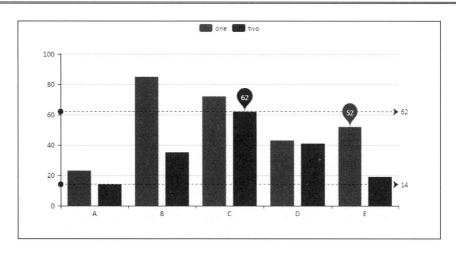

图 9.12　标记点和线

令 bar_category_gap 参数为 0，可绘制直方图，效果如图 9.13 所示。代码如下：

```
data = [23, 85, 72, 43, 52, 67, 98, 76]
labels = ['A','B','C','D','E','F','G','H']
bar = pyecharts.Bar("直方图")
bar.add("", labels, data, bar_category_gap=0)
bar
```

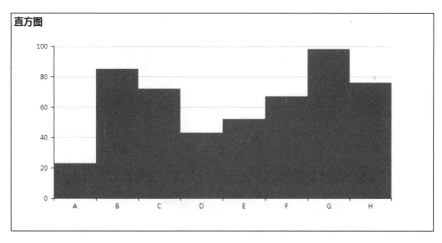

图 9.13　直方图

9.2　其他图表

本节讲解如何利用 pyecharts 库绘制其他图表：通过设置绘图参数，来绘制不同类别的饼图（如圆环图和玫瑰图）和箱线图。

9.2.1　饼图

饼图用于表现不同类别的占比情况。利用 Pie 方法可绘制饼图，代码如下：

```
data = [45, 76, 35, 47, 56]
labels = ['电脑','手机','冰箱','彩电','洗衣机']
pie = pyecharts.Pie('饼图')
pie.add('', labels, data, is_label_show=True)
pie
```

下面给出 pie.add 方法的参数。其中，radius 为设置饼图半径，默认为[0,75]，第一项为内半径，第二项为外半径；center 为设置饼图中心坐标，默认为[50,50]，第一项为横坐标，第二项为纵坐标；rosetype 可以设置南丁格尔图（玫瑰图），有两种表现形式，分别为 radius 和 area。

```
add(name, attr, value,
    radius=None,
    center=None,
    rosetype=None, **kwargs)
```

绘制的饼图如图 9.14 所示。

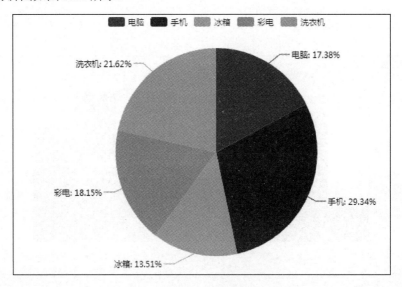

图 9.14　饼图

设置 radius 参数为[40,75]，这样就有了内半径值，就可以绘制圆环图了，效果如图 9.15 所示。代码如下：

```
data = [45, 76, 35, 47, 56]
labels = ['电脑','手机','冰箱','彩电','洗衣机']
pie = pyecharts.Pie('圆环图')
pie.add('', labels, data, radius=[40,75], is_label_show=True)
pie
```

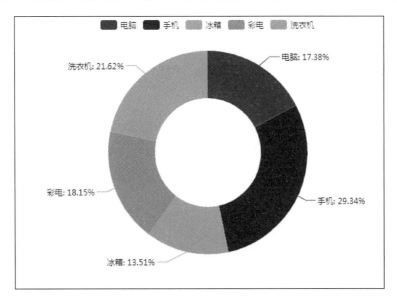

图 9.15　圆环图

设置 radius 参数为[40,75]，这样就有了内半径值，就可以绘制圆环图了，效果如图 9.16 所示。代码如下：

```
data = [45, 76, 35, 47, 56]
labels = ['电脑','手机','冰箱','彩电','洗衣机']
pie = pyecharts.Pie('圆环图')
pie.add('', labels, data, radius=[40,75], is_label_show=True)
pie
```

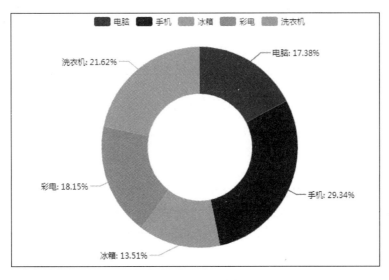

图 9.16　圆环图

通过设置 center 参数可以绘制多个饼图，这样就可以比较两种玫瑰图的区别。通过图 9.17 可以看出，通过 radius 参数绘制的玫瑰图的圆心角不同，以此来显示其数据的百分比，玫瑰图的半径显示数据的数值大小；通过 area 参数绘制的玫瑰图的圆心角相同，仅通过半径大小来显示数据的区别。实现代码如下：

```
data = [45, 76, 35, 47, 56]
labels = ['电脑','手机','冰箱','彩电','洗衣机']
pie = pyecharts.Pie('玫瑰图')

pie.add('', labels, data, radius=[20,75], center=[25,50],
        rosetype='radius')
pie.add('', labels, data, radius=[20,75], center=[75,50],
        rosetype='area', is_label_show=True)

pie
```

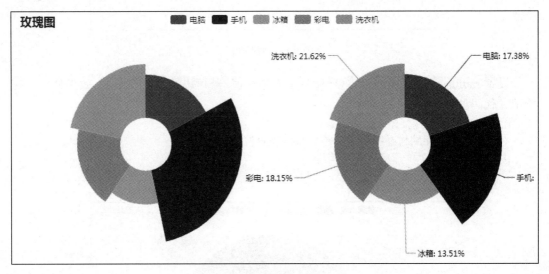

图 9.17　玫瑰图

9.2.2　箱线图

箱线图可显示一组数据的最大值、最小值、中位数、下四分位数及上四分位数，可以体现数据的分布规律。利用 Boxplot 方法可绘制饼图，其参数见下文。其中，x_axis 为横坐标列表；y_axis 为嵌套列表。每个列表为[min, Q1, median (or Q2), Q3, max]，该列表可通过内置的 prepare_data 方法转换。

```
add(name, x_axis, y_axis, **kwargs)
```

这里以 Iris 数据为例，首先读入数据，如图 9.18 所示。

```
iris_data = pd.read_csv(open('H:\python数据分析\数据\iris-data.csv'))
iris_data.head()
```

	sepal_length_cm	sepal_width_cm	petal_length_cm	petal_width_cm	class
0	5.1	3.5	1.4	0.2	Iris-setosa
1	4.9	3.0	1.4	0.2	Iris-setosa
2	4.7	3.2	1.3	0.2	Iris-setosa
3	4.6	3.1	1.5	0.2	Iris-setosa
4	5.0	3.6	1.4	0.2	Iris-setosa

图 9.18　Iris 数据

通过以下代码即可绘制箱线图，如图 9.19 所示。

```
x = list(iris_data.columns[0:4])
y = [list(iris_data.sepal_length_cm),
    list(iris_data.sepal_width_cm),
    list(iris_data.petal_length_cm),
    list(iris_data.petal_width_cm)]        #构造 y

boxplot = pyecharts.Boxplot("箱线图")
y_data = boxplot.prepare_data(y)           #数据转化
boxplot.add('', x, y_data)
boxplot
```

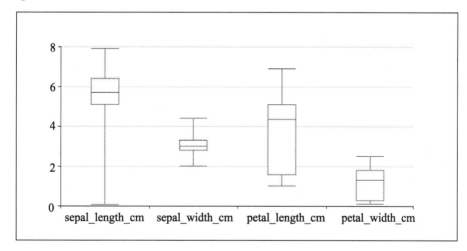

图 9.19　箱线图

9.3　综合示例——糗事百科用户数据

本节将利用网络爬取的数据以及利用 pandas 数据分析方法，通过 pyecharts 可视化的手段来分析糗事百科用户的信息。

9.3.1 数据来源

本节示例数据来源于网络爬虫，笔者爬取了糗事百科的段子信息和对应的用户信息。

注意：该数据可以从本书配套资源中找到。

该数据有两个 CSV 文件，通过 pandas 依次读取段子数据，如图 9.20 所示。

```
import numpy as np
import pandas as pd
import pyecharts

data1 = pd.read_csv(open(r'H:\python数据分析\数据\qiushi_info.csv',encoding='utf-8'))
data1.head()
```

	id	sex	age	laugh	comment	user_url	content

图 9.20　读取糗事百科段子数据

该数据包括用户的 id、性别（sex）、年龄（age）、好笑数（laugh）、评论数（comment）、用户的 URL 和段子内容（content）。

读取用户数据，如图 9.21 所示。该用户数据包括用户的一些个人信息：粉丝（fans）、关注（topic）、段子数量（qiushi）、评论量（comment_1）、笑脸（favour）、糗事精选（handpick）、婚姻状况（martial_status）、星座（constellation）、职业（profession）、家乡（home）和用户 URL。

```
data2 = pd.read_csv(open(r'H:\python数据分析\数据\user_info.csv',encoding='utf-8'))
data2.head()
```

	fans	topic	qiushi	comment_1	favour	handpick	martial_status	constellation	profession	home	qiushi_age	user_url
0	0.0	1.0	47.0	8.0	20428.0	0.0	married	双鱼座	手艺汪	国外·冰岛	2876天	https://www.qiushibaike.com/users/112899/
1	43.0	0.0	60.0	172.0	25162.0	0.0	married	处女座	IT汪	浙江·杭州	73天	https://www.qiushibaike.com/users/36401850/
2	1.0	0.0	9.0	26.0	684.0	0.0	不详	双子座	公务猿	广西·贺州	1464天	https://www.qiushibaike.com/users/15047842/
3	0.0	7.0	51.0	21.0	16166.0	0.0	single	摩羯座	手艺汪	河南·郑州	11天	https://www.qiushibaike.com/users/37267710/
4	0.0	8.0	29.0	16.0	6596.0	0.0	不详	处女座	商务汪	辽宁·锦州	1231天	https://www.qiushibaike.com/users/22688287/

图 9.21　用户数据

9.3.2 定义问题

在本次分析中，将围绕段子和用户的数据提出几个问题：段子的评论量、段子的点赞数、用户的男女分布、用户的星座和地区分布等。

9.3.3　数据清洗

首先对段子数据进行清洗。通过 info 函数可以看出，age 是 object 对象，user_url 有缺失值，在对段子数据进行分析时，没有使用到用户的 URL，这里进行保留，如图 9.22 所示。

通过 unique 函数可以看出，在年龄中有不详的数据，如图 9.23 所示。

```
data1.info()

<class 'pandas.core.frame.DataFrame'>
RangeIndex: 325 entries, 0 to 324
Data columns (total 7 columns):
id          325 non-null object
sex         325 non-null object
age         325 non-null object
laugh       325 non-null int64
comment     325 non-null int64
user_url    310 non-null object
content     325 non-null object
dtypes: int64(2), object(5)
memory usage: 17.9+ KB
```

图 9.22　数据情况

```
data1['age'].unique()

array(['38', '100', '28', '32', '26', '84', '不详', '22', '40', '27', '99',
       '21', '25', '98', '34', '30', '31', '0', '19', '101', '62',
       '12', '37', '20', '13', '36', '54', '23', '42', '41', '29', '35',
       '17', '24', '83', '39', '45', '93', '48', '80'], dtype=object)
```

图 9.23　查看唯一值

这里的处理方法为：首先将不详的数据替换为 0 数据，然后将 age 字段转换为 int 数据类型，最后利用平均值来替换 0 值，如图 9.24 所示。

对用户数据进行处理，首先查看缺失值，前几个用户字段都有 5 个缺失值，如图 9.25 所示。

```
data1['age'].replace('不详',0,inplace=True)
data1['age'] = data1['age'].astype('int64')

data1['age'].replace(0,int(data1[data1['age']!=0]['age'].mean()),inplace=True)

data1['age'].unique()

array([ 38, 100,  28,  32,  26,  84,  39,  22,  40,  27,  99,  21,  25,
        98,  34,  30,  33,  31,  19, 101,  62,  12,  37,  20,  13,  36,
        54,  23,  42,  41,  29,  35,  17,  24,  83,  45,  93,  48,  80], dtype=int64)

data1.dtypes

id          object
sex         object
age          int64
laugh        int64
comment      int64
user_url    object
content     object
dtype: object
```

图 9.24　age 字段处理

```
data2.isnull().sum()

fans              5
topic             5
qiushi            5
comment_1         5
favour            5
handpick          5
martial_status    0
constellation     0
profession        0
home              0
qiushi_age        0
user_url          0
dtype: int64
```

图 9.25　查看缺失值

可以直接用 dropna 方法删除缺失值，如图 9.26 所示。前几个字段为浮点数数据类型，将其转化为整数类型，如图 9.27 所示。

```
data2.dropna(inplace=True)
data2.info()

<class 'pandas.core.frame.DataFrame'>
Int64Index: 219 entries, 0 to 220
Data columns (total 12 columns):
fans             219 non-null float64
topic            219 non-null float64
qiushi           219 non-null float64
comment_1        219 non-null float64
favour           219 non-null float64
handpick         219 non-null float64
martial_status   219 non-null object
constellation    219 non-null object
profession       219 non-null object
home             219 non-null object
qiushi_age       219 non-null object
user_url         219 non-null object
dtypes: float64(6), object(6)
memory usage: 22.2+ KB
```

图 9.26　删除缺失值

```
data2['fans'] = data2['fans'].astype('int64')
data2['topic'] = data2['topic'].astype('int64')
data2['qiushi'] = data2['qiushi'].astype('int64')
data2['comment_1'] = data2['comment_1'].astype('int64')
data2['favour'] = data2['favour'].astype('int64')
data2['handpick'] = data2['handpick'].astype('int64')
```

图 9.27　转化数据类型

对于 home 字段，为了数据的可视化，这里通过字符串处理新加一列，用于获取省份的数据，效果如图 9.28 所示。代码如下：

```
data2['province'] = data2['home'].str.split('·').str[0]
data2.head()
```

constellation	profession	home	qiushi_age	user_url	province
双鱼座	手艺汪	国外·冰岛	2876天	https://www.qiushibaike.com/users/112899/	国外
处女座	IT汪	浙江·杭州	73天	https://www.qiushibaike.com/users/36401850/	浙江
双子座	公务猿	广西·贺州	1464天	https://www.qiushibaike.com/users/15047842/	广西
摩羯座	手艺汪	河南·郑州	11天	https://www.qiushibaike.com/users/37267710/	河南
处女座	商务汪	辽宁·锦州	1231天	https://www.qiushibaike.com/users/22688287/	辽宁

图 9.28　字符串处理 1

对于用户的糗事年龄，删除"天"字后，转化为 int 类型，效果如图 9.29 所示。代码如下：

```
data2['qiushi_age'] = data2['qiushi_age'].str.strip('天')
data2['qiushi_age'] = data2['qiushi_age'].astype('int64')
```

constellation	profession	home	qiushi_age	user_url	province
双鱼座	手艺汪	国外·冰岛	2876	https://www.qiushibaike.com/users/112899/	国外
处女座	IT汪	浙江·杭州	73	https://www.qiushibaike.com/users/36401850/	浙江
双子座	公务猿	广西·贺州	1464	https://www.qiushibaike.com/users/15047842/	广西
摩羯座	手艺汪	河南·郑州	11	https://www.qiushibaike.com/users/37267710/	河南
处女座	商务汪	辽宁·锦州	1231	https://www.qiushibaike.com/users/22688287/	辽宁

图 9.29　字符串处理 2

9.3.4　数据探索

首先对段子数据进行分析，分析好笑数和评论多的段子是哪些用户发的。通过对 laugh 字段排序，选取前 10 条搞笑的数据，如图 9.30 所示。

```
laugh_sort = data1.sort_values(by = 'laugh',ascending=False)[0:10]
laugh_sort
```

	id	sex	age	laugh	comment	user_url	content
10	星劫	男	27	19428	101	https://www.qiushibaike.com/users/14849114/	最佩服█████是我表弟，相亲的时候女方问他什么学历，他眼神盯着远方，深沉的说遗憾当年没考上博士...
183	(弱送) 真的爱你	男	19	12403	107	https://www.qiushibaike.com/users/22085995/	戴着墨镜等红灯，旁边妹子在打电话，听声音是真甜，扭过头看看她，然后她也扭过头看看我，面对面...
136	十里柔情一帘幽梦	女	100	10026	214	https://www.qiushibaike.com/users/8737794/	下午同事给我一包减肥茶，我喝了，别说，效果又快又好，我一下午都在厕所里渡过，客户被同事一个人...
295	青刺莓	女	99	9816	94	https://www.qiushibaike.com/users/28437800/	老公这些天加班，特别忙，我打电话问他："中午吃饭了吗？"他说木有，刚才吃了泡面。没吃泡。
12	十里柔情一帘幽梦	女	100	9334	68	https://www.qiushibaike.com/users/8737794/	小厨的相亲对象对小厨一见倾心，各种追求，可对方才是她的菜。
235	鳗鱼光膀子	男	31	9293	113	https://www.qiushibaike.com/users/30803387/	楼下新开一家成人用品，我家那个淘气娃，不知怎么就溜进去了，回来兴冲冲的对我说'爸爸'，我...
290	爱新觉罗·黄瓜	男	30	8797	127	https://www.qiushibaike.com/users/11320295/	晚上下夜班，看到老婆穿着性感的睡衣站在楼道迎接我，我心一暖，上前抱住她心疼的说道"宝贝，...
169	不知不觉的年纪	男	29	8401	61	https://www.qiushibaike.com/users/11086904/	老婆.老公，我感觉我生病了，浑身没劲，我要死了。
255	傻睛	女	26	8096	68	https://www.qiushibaike.com/users/23331917/	同事夫妻俩都在店里上班，刚吃饭的时候，两个人哔哩吧啦说了一大堆家乡话，我跟另一个同事说:这俩...
140	贱 '人'会	男	98	8051	45	https://www.qiushibaike.com/users/36760891/	自从上次公司聚餐我带老妈去了以后，一女同事开始隔三差五的对我特别好，经常关心我。虽然自己有点小...

图 9.30　laugh 字段排序

通过代码绘制好笑数前 10 条的用户柱状图，如图 9.31 所示。其中用户名为"星劫"的段子好笑数最多，为 19428，而平均好笑数为 10364.5，也有用户上榜两条。

```
bar = pyecharts.Bar('搞笑段子用户排名')
attr = list(laugh_sort['id'])
v1 = list(laugh_sort['laugh'])
bar.add('好笑数',attr,v1,is_label_show=True,
```

```
            mark_point=['max','min'],mark_line=['average'],
            is_xaxislabel_align=True,xaxis_interval=0,
            xaxis_name_size=12,xaxis_rotate=30)
bar
```

```
# is_xaxislabel_align=True 为 x 轴刻度与 x 标签对应
# xaxis_interval=0 设置每个 x 标签都显示
#xaxis_name_size=12 设置 x 标签大小
#xaxis_rotate=30 设置 x 轴标签旋转
```

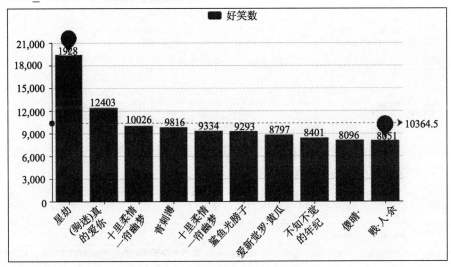

图 9.31　好笑数前 10 位用户排名

按照同样的方法，对 comment 字段进行排序，选取前 10 条评论量最多的数据，结果如图 9.32 所示。代码如下：

```
comment_sort = data1.sort_values(by = 'comment',ascending=False)[0:10]
comment_sort
```

	id	sex	age	laugh	comment	user_url	content
13	名字帅人才帅	男	27	4522	227	https://www.qiushibaike.com/users/23745221/	LZ晋升主管，请同事吃饭庆祝，吃过饭，经理抢着买单，八个人花了八百多，经理对我说，你要实在不...
136	十里柔情一帘幽梦	女	100	10026	214	https://www.qiushibaike.com/users/8737794/	下午同事给我一包减肥茶，我喝了，别说，效果又快又好，我一下午都在厕所里度过，告户被同事一个人...
84	虎头鳃凶三	男	54	7382	155	https://www.qiushibaike.com/users/30082002/	回家路过卖水果的小雅，问了桔子的价格，比超市便宜很多，于是买了两斤，老板五块三，其五块了...
142	傻瓶	女	26	5190	151	https://www.qiushibaike.com/users/23331917/	房东家刚买了一颗长满果实的橘子树，每次路过都惊偷偷摘两个！
158	贱'人'会	男	98	7963	139	https://www.qiushibaike.com/users/36760891/	上学的时候，最喜欢欺负女同桌，这小丫头子心眼少，容易欺负。
156	勇敢的小红军	男	34	7065	133	https://www.qiushibaike.com/users/10413669/	我做软件开发的，一次叫个外卖（不提名字以避免战争），哈哈时，送外卖的小哥帮我调试程序，最然已...
189	非法用户名 ikKx...	女	23	7878	131	https://www.qiushibaike.com/users/29482428/	最近发现了单位两个领导的婚外情，一对就让我够吃饼的了，竟然还网对而且四个人还都是单本单位的！天...
290	爱新觉罗·黄瓜	男	30	8797	127	https://www.qiushibaike.com/users/11320295/	晚上下夜班，看到老谭穿着性感的睡衣站在楼道迎接我，我心里一暖，上前捉住她火辣的说道·宝贝，...
111	匿名用户	不详	39	5266	121	NaN	同学聚会，期间一个同学说自己刚买了车子，房子花了几百万，好幸苦什么的。
235	鲨鱼光膀子	男	31	9293	113	https://www.qiushibaike.com/users/30803387/	楼下新开一家成人用品，我家那个淘气娃，不知怎么会溜进去了，回来兴冲冲的对我说·爸爸，我...

图 9.32　comment 字段排序

通过以下代码绘制评论量前 10 位的用户柱状图，如图 9.33 所示。评论量总体不多，平均为 150 条左右。

```
bar = pyecharts.Bar('评论段子用户排名')
attr = list(comment_sort['id'])
v1 = list(comment_sort['comment'])
bar.add('评论数',attr,v1,is_label_show=True,
        mark_point=['max','min'],mark_line=['average'],
        is_xaxislabel_align=True,xaxis_interval=0,
        xaxis_name_size=12,xaxis_rotate=30)
bar
```

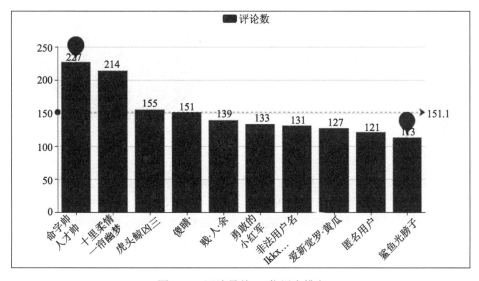

图 9.33　评论量前 10 位用户排名

对用户数据进行分析时，需用到段子数据中的用户性别和年龄等信息。这里首先将段子数据中的 user_info 缺失值的行删除（这些用户为匿名用户），然后通过 merge 函数将两张表合并（连接键为 user_info），最后删除重复数据（前文中发现用户会出现重复情况）。代码如下：

```
data1 = data1.dropna()                         #删除缺失值

data = pd.merge(data1,data2,on='user_url')     #合并数据

data = data.drop_duplicates(['id'])            #删除重复值
```

首先计算用户的平均年龄，如图 9.34 所示为 35 岁。然后对 sex 字段进行计数，查看用户的男女分布比例，如图 9.35 所示。从图中可以看出男性用户数量较多，为女性用户的 3 倍左右。

通过下面的代码绘制饼图，效果如图 9.36 所示。

```
attr = list(sex_count.index)
v = list(sex_count)
```

```
data['age'].mean()

35.41290322580645
```

图 9.34　用户年龄

```
pie = pyecharts.Pie('用户男女分布')
pie.add('', attr, v, is_label_show=True)
pie
```

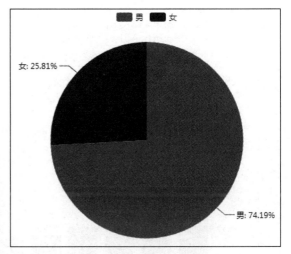

```
sex_count = data['sex'].value_counts()
sex_count

男    115
女     40
Name: sex, dtype: int64
```

图 9.35　性别计数　　　　　　　　　　　　　图 9.36　男女用户分布图

　　对 martial_status 字段计数，发现有"不详"和 secret 两个字段，这里全部替代为 secret 字段再进行计数，然后查看用户的婚姻情况，如图 9.37 所示。从图中可以看出，信息保密的用户（secret）较多，单身用户（single）和已婚用户（married）的数量接近，热恋中的用户（inlove）较少。

```
marry_count = data['martial_status'].value_counts()
marry_count

secret     53
不详        41
single     31
married    23
inlove      7
Name: martial_status, dtype: int64

data['martial_status'].replace('不详','secret',inplace=True)

marry_count = data['martial_status'].value_counts()
marry_count

secret     94
single     31
married    23
inlove      7
Name: martial_status, dtype: int64
```

图 9.37　用户婚姻情况计数

通过下面的代码绘制圆环图，效果如图 9.38 所示。

```
attr = list(marry_count.index)
v = list(marry_count)
pie = pyecharts.Pie('用户婚姻状况')
pie.add('', attr, v, radius=[40,75], is_label_show=True)
pie
```

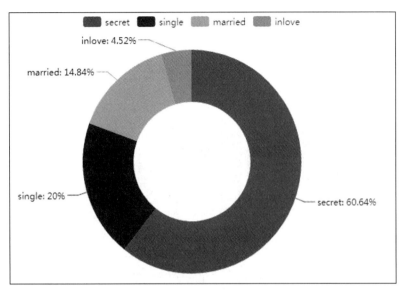

图 9.38　用户婚姻状况圆环图

然后对用户星座进行计数，查看用户的星座分布情况，如图 9.39 所示。由图可知，摩羯座用户数量最多，其他的各星座用户数量相差不大。

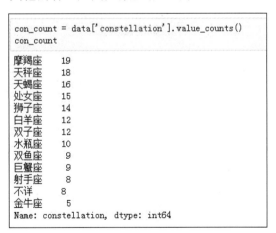

图 9.39　用户星座计数

接着通过下面的代码绘制柱状图，效果如图 9.40 所示。

```
attr = list(con_count.index)
v1 = list(con_count)
bar = pyecharts.Bar('用户星座分布')
bar.add('星座',attr,v1,is_label_show=True,
        mark_point=['max','min'],mark_line=['average'],
        is_xaxislabel_align=True,xaxis_interval=0,
        xaxis_name_size=12,xaxis_rotate=30)
bar
```

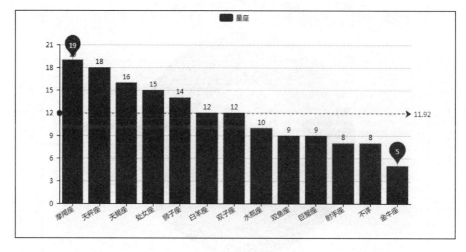

图 9.40　用户星座分布柱状图

　　然后通过对 province 字段的计算来分析用户的地区分布情况。由于 province 中有空格，首先去除空格然后再进行计算，如图 9.41 所示。由于用户数据不多，各地区分布没有太大的差异性。

```
data['province'] = data['province'].str.strip()
data.head()


province_count = data['province'].value_counts()
province_count

未知     21
江苏     16
国外     15
山东     10
广东      9
不详      9
安徽      9
河北      7
广西      7
湖南      7
辽宁      6
四川      5
湖北      5
```

图 9.41　用户地区计数

最后通过 pyecharts 的 Bar 方法绘制地区分布柱状图，效果如图 9.42 所示。代码如下：

```
attr = list(province_count[0:10].index)
v1 = list(province_count[0:10])
bar = pyecharts.Bar('用户地区分布')
bar.add('地区',attr,v1,is_label_show=True,
        mark_point=['max','min'],mark_line=['average'],
        is_xaxislabel_align=True,xaxis_interval=0,
        xaxis_name_size=12,xaxis_rotate=30)
bar
```

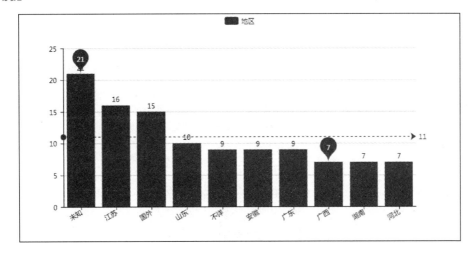

图 9.42　用户地区分布柱状图

第 10 章　时间序列

在许多行业中，时间序列数据是一种重要的结构化数据类型。本章主要讲解 datetime 的数据类型及与字符串的相互转换方法；时间序列的构造和使用方法；日期和时期数据的使用方法；时间序列的频率转换与重采样；最后通过一个综合示例，讲解时间序列数据的处理与分析方法。

下面给出本章涉及的知识点与学习目标。

- datetime 库：学会构造时间数据及其与字符串的相互转换。
- 时间序列：学会构造时间序列和使用方法。
- 日期与时期：学会日期与时期的使用方法。
- 频率转换与重采样：学会 resample 函数的使用方法。

10.1　datetime 模块

本节将讲解 Python 标准库中 datetime 库的使用方法，以及 datetime 库的数据和字符串数据的相互转换方法。

10.1.1　datetime 构造

Python 的标准库 datetime 可用于创建时间数据类型。如表 10.1 所示为 datetime 库的时间数据类型。

表 10.1　datetime库的时间数据类型

类　　型	使用说明
date	日期（年、月、日）
time	时间（时、分、秒、毫秒）
datetime	日期和时间
timedelta	两个datetime的差（日、秒、毫秒）

其中，date 类数据可用于创建日期类数据，通过年、月、日来进行存储，如图 10.1 所示。time 类数据用于存储时间数据，通过时、分、秒、毫秒进行存储，如图 10.2 所示。

```
import datetime

date = datetime.date(2018, 3, 2)
date

datetime.date(2018, 3, 2)

date.year

2018

date.day

2
```

图 10.1　date 数据类型

```
time = datetime.time(9, 10, 34)
time

datetime.time(9, 10, 34)

time.hour, time.minute, time.second

(9, 10, 34)
```

图 10.2　time 数据类型

datetime 类数据可以看做是 date 类和 time 类的组合，通过 now 方法可以查看当前的时间，如图 10.3 所示。

```
now = datetime.datetime.now()
now

datetime.datetime(2018, 4, 13, 10, 12, 10, 843298)
```

图 10.3　datetime 数据类型

timedelta 类数据为两个 datetime 类数据的差，也可通过给 datetime 类对象加或减去 timedelta 类对象，以此获取新的 datetime 类对象，如图 10.4 所示。

```
delta = now - datetime.datetime(2018, 3, 5, 9, 12)
delta

datetime.timedelta(39, 3610, 843298)

now

datetime.datetime(2018, 4, 13, 10, 12, 10, 843298)

now + datetime.timedelta(10)

datetime.datetime(2018, 4, 23, 10, 12, 10, 843298)
```

图 10.4　timedelta 数据类型

10.1.2　数据转换

在数据分析中，字符串和 datetime 类数据需要进行转换，通过 str 方法可以直接将

datetime 类数据转换为字符串数据，如图 10.5 所示。

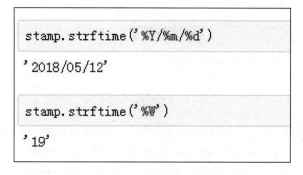

图 10.5　datetime 类数据转换为字符串格式

如果需要将 datetime 类数据转换为特定格式的字符串数据（格式化），需要使用 strftime 方法，如图 10.6 所示。

```
stamp.strftime('%Y/%m/%d')
'2018/05/12'

stamp.strftime('%W')
'19'
```

图 10.6　datetime 类数据转换为特定的字符串格式

如表 10.2 所示为部分格式化编码。

表 10.2　格式定义

代　　码	使用说明
%Y	4位数的年
%y	2位数的年
%m	2位数的月
%d	2位数的天
%H	时（24小时制）
%I	时（12小时制）
%M	2位数的分
%W	每年的第几周，星期一为每周第一天

通过 datetime.strptime 方法可将字符串格式转换为 datetime 数据类型，如图 10.7 所示。

```
value = '2018-4-12'

datetime.strptime(value, '%Y-%m-%d')

datetime.datetime(2018, 4, 12, 0, 0)
```

图 10.7　字符串转换为 datetime 类

在 pandas 中，可通过 to_datetime 方法快速将一列字符串数据转换为时间数据。以第 6 章的中综合示例为例，可以看出 HireDate 字段的数据类型为字符串，如图 10.8 所示。

```
import pandas as pd
salary = pd.read_csv(open('H:\python数据分析\数据\Baltimore_City_Employee_Salaries_FY2016.csv'))
salary.head()
```

	Name	JobTitle	AgencyID	Agency	HireDate	Annual Salary	GrossPay
0	Aaron,Patricia G	Facilities/Office Services II	A03031	OED-Employment Dev (031)	10/24/1979 12:00:00 AM	$56705.00	$54135.44
1	Aaron,Petra L	ASSISTANT STATE'S ATTORNEY	A29045	States Attorneys Office (045)	09/25/2006 12:00:00 AM	$75500.00	$72445.87
2	Abbey,Emmanuel	CONTRACT SERV SPEC II	A40001	M-R Info Technology (001)	05/01/2013 12:00:00 AM	$60060.00	$59602.58
3	Abbott-Cole,Michelle	Operations Officer III	A90005	TRANS-Traffic (005)	11/28/2014 12:00:00 AM	$70000.00	$59517.21
4	Abdal-Rahim,Naim A	EMT Firefighter Suppression	A64120	Fire Department (120)	03/30/2011 12:00:00 AM	$64365.00	$74770.82

```
type(salary['HireDate'][0])
```
```
str
```

图 10.8　字符串类型

通过 to_datetime 方法可以将 HireDate 字段进行转换，如图 10.9 所示。该数据为 Timestamp 类型（时间戳）。

```
salary['HireDate'] = pd.to_datetime(salary['HireDate'])
salary.head()
```

	Name	JobTitle	AgencyID	Agency	HireDate	Annual Salary	GrossPay
0	Aaron,Patricia G	Facilities/Office Services II	A03031	OED-Employment Dev (031)	1979-10-24	$56705.00	$54135.44
1	Aaron,Petra L	ASSISTANT STATE'S ATTORNEY	A29045	States Attorneys Office (045)	2006-09-25	$75500.00	$72445.87
2	Abbey,Emmanuel	CONTRACT SERV SPEC II	A40001	M-R Info Technology (001)	2013-05-01	$60060.00	$59602.58
3	Abbott-Cole,Michelle	Operations Officer III	A90005	TRANS-Traffic (005)	2014-11-28	$70000.00	$59517.21
4	Abdal-Rahim,Naim A	EMT Firefighter Suppression	A64120	Fire Department (120)	2011-03-30	$64365.00	$74770.82

```
type(salary['HireDate'][0])
```
```
pandas._libs.tslib.Timestamp
```

图 10.9　将 HireDate 字段转换为 datetime 类

10.2　时间序列基础

时间序列是以时间戳为索引的 Series 或 DataFrame。本节将讲解时间序列的构造方法，以及时间序列的索引和切片。

10.2.1　时间序列构造

pandas 中的时间序列指的是以时间数据为索引的 Series 或 DataFrame。如图 10.10 所示为创建的一个时间序列 Series。

```
from datetime import datetime
import numpy as np
import pandas as pd


date = [datetime(2018, 4, 1), datetime(2018, 4, 5),
        datetime(2018, 4, 7), datetime(2018, 4, 9),
        datetime(2018, 4, 10), datetime(2018, 4, 15)]


s = pd.Series(np.arange(6), index=date)
s
2018-04-01    0
2018-04-05    1
2018-04-07    2
2018-04-09    3
2018-04-10    4
2018-04-15    5
dtype: int32
```

图 10.10　时间序列 Series

创建的这个时间序列 Series 的索引为 DatetimeIndex 对象，如图 10.11 所示。而 DatetimeIndex 对象的每个标量值是 pandas 的 Timestamp 对象，如图 10.12 所示。该对象可以保存频率信息，后面会讲解其用途。

```
s.index
DatetimeIndex(['2018-04-01', '2018-04-05', '2018-04-07', '2018-04-09',
               '2018-04-10', '2018-04-15'],
              dtype='datetime64[ns]', freq=None)
```

图 10.11　DatetimeIndex 对象

```
s.index[0]

Timestamp('2018-04-01 00:00:00')
```

图 10.12　Timestamp 对象

跟普通的 Series 一样，不同索引的时间序列的算术运算会按照索引对齐，如图 10.13 所示。

```
s[::2]

2018-04-01    0
2018-04-07    2
2018-04-10    4
dtype: int32

s + s[::2]

2018-04-01    0.0
2018-04-05    NaN
2018-04-07    4.0
2018-04-09    NaN
2018-04-10    8.0
2018-04-15    NaN
dtype: float64
```

图 10.13　算术运算

10.2.2　索引与切片

时间序列的索引用法和 pandas 基础数据类型的用法是一样的，如图 10.14 所示。传入一个可用于解释的日期字符串，同样也可以完成索引工作，这是一种较方便的用法，如图 10.15 所示。

```
s

2018-04-01    0
2018-04-05    1
2018-04-07    2
2018-04-09    3
2018-04-10    4
2018-04-15    5
dtype: int32

s[2]

2
```

```
s['20180415']

5

s['2018/4/1']

0
```

图 10.14　时间序列索引 1

图 10.15　时间序列索引 2

切片的使用方法和 pandas 基础数据的用法是一样的，如图 10.16 所示。同样的，传入日期字符串或者 datetime 类数据也可以完成切片。由于大部分时间序列数据是按时间先后顺序排列的，如果索引值不在该时间序列中也可以实现切片，如图 10.17 所示。

```
s

2018-04-01    0
2018-04-05    1
2018-04-07    2
2018-04-09    3
2018-04-10    4
2018-04-15    5
dtype: int32

s[2:5]

2018-04-07    2
2018-04-09    3
2018-04-10    4
dtype: int32
```

图 10.16　时间序列切片 1

```
s['2018/4/5':'2018/4/11']

2018-04-05    1
2018-04-07    2
2018-04-09    3
2018-04-10    4
dtype: int32

s[datetime(2018, 4, 7):]

2018-04-07    2
2018-04-09    3
2018-04-10    4
2018-04-15    5
dtype: int32
```

图 10.17　时间序列切片 2

对于长时间序列来说，可以通过年、月来轻松获取时间序列的切片，如图 10.18 和图 10.19 所示。

```
date2 = [datetime(2018, 4, 1), datetime(2018, 4, 5),
        datetime(2018, 4, 13), datetime(2018, 4, 27),
        datetime(2018, 9, 4), datetime(2018, 9, 8),
        datetime(2018, 9, 12), datetime(2018, 9, 23),
        datetime(2019, 3, 12), datetime(2019, 3, 27),
        datetime(2019, 6, 7), datetime(2019, 6, 17)]

long_s = pd.Series(np.arange(12), index=date2)
long_s

2018-04-01    0
2018-04-05    1
2018-04-13    2
2018-04-27    3
2018-09-04    4
2018-09-08    5
2018-09-12    6
2018-09-23    7
2019-03-12    8
2019-03-27    9
2019-06-07    10
2019-06-17    11
dtype: int32
```

图 10.18　创建时间序列 Series

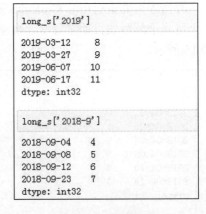

```
long_s['2019']

2019-03-12    8
2019-03-27    9
2019-06-07    10
2019-06-17    11
dtype: int32

long_s['2018-9']

2018-09-04    4
2018-09-08    5
2018-09-12    6
2018-09-23    7
dtype: int32
```

图 10.19　数据切片

💬注意：时间序列的 DataFrame 的索引和切片使用方法同上面一样，不再赘述。

对于具有重复索引的时间序列，可通过索引的 is_unique 属性进行检查，如图 10.20 所示。

```
date3 = pd.DatetimeIndex(['2018/4/14', '2018/4/14',
                          '2018/5/23', '2018/5/23',
                          '2018/6/13', '2018/6,13'])

dup_s = pd.Series(np.arange(6), index=date3)
dup_s

2018-04-14    0
2018-04-14    1
2018-05-23    2
2018-05-23    3
2018-06-13    4
2018-06-13    5
dtype: int32

dup_s.index.is_unique

False
```

图 10.20　重复索引检查

对重复索引的时间序列进行索引时，产生的是切片，如图 10.21 所示。

这样可通过 groupby 函数对其进行聚合，如图 10.22 所示。

```
dup_s['20180523']

2018-05-23    2
2018-05-23    3
dtype: int32
```

图 10.21　重复索引

```
dup_s.groupby(level=0).mean()

2018-04-14    0.5
2018-05-23    2.5
2018-06-13    4.5
dtype: float64

dup_s.groupby(level=0).sum()

2018-04-14    1
2018-05-23    5
2018-06-13    9
dtype: int32
```

图 10.22　通过 groupby 函数聚合

10.3　日期

本节将讲解如何生成指定长度的 DatetimeIndex，时间序列中的基础频率及如何移动时间数据。

10.3.1　日期范围

使用 pd.date_range 函数可以创建指定长度的 DatetimeIndex 索引，如图 10.23 所示。

```
index = pd.date_range('2018/4/1', '2018/5/30')
index

DatetimeIndex(['2018-04-01', '2018-04-02', '2018-04-03', '2018-04-04',
               '2018-04-05', '2018-04-06', '2018-04-07', '2018-04-08',
               '2018-04-09', '2018-04-10', '2018-04-11', '2018-04-12',
               '2018-04-13', '2018-04-14', '2018-04-15', '2018-04-16',
               '2018-04-17', '2018-04-18', '2018-04-19', '2018-04-20',
               '2018-04-21', '2018-04-22', '2018-04-23', '2018-04-24',
               '2018-04-25', '2018-04-26', '2018-04-27', '2018-04-28',
               '2018-04-29', '2018-04-30', '2018-05-01', '2018-05-02',
               '2018-05-03', '2018-05-04', '2018-05-05', '2018-05-06',
               '2018-05-07', '2018-05-08', '2018-05-09', '2018-05-10',
               '2018-05-11', '2018-05-12', '2018-05-13', '2018-05-14',
               '2018-05-15', '2018-05-16', '2018-05-17', '2018-05-18',
               '2018-05-19', '2018-05-20', '2018-05-21', '2018-05-22',
               '2018-05-23', '2018-05-24', '2018-05-25', '2018-05-26',
               '2018-05-27', '2018-05-28', '2018-05-29', '2018-05-30'],
              dtype='datetime64[ns]', freq='D')
```

图 10.23　日期范围 1

如图 10.23 所示，默认情况下，产生的 DatetimeIndex 索引的间隔为天，也就是说，时间频率是天。通过 freq 参数可以使用其他频率，如图 10.24 所示。

```
index = pd.date_range('2018/4/1', '2018/12/31', freq='M')
index

DatetimeIndex(['2018-04-30', '2018-05-31', '2018-06-30', '2018-07-31',
               '2018-08-31', '2018-09-30', '2018-10-31', '2018-11-30',
               '2018-12-31'],
              dtype='datetime64[ns]', freq='M')
```

图 10.24　日期范围 2

在 pd.date_range 函数中传入起始或结束日期，再传入一个表示一段时间的数据，就可以创建指定长度的 DatetimeIndex 索引，如图 10.25 所示。

```
pd.date_range(start = '2018/4/1', periods=20)

DatetimeIndex(['2018-04-01', '2018-04-02', '2018-04-03', '2018-04-04',
               '2018-04-05', '2018-04-06', '2018-04-07', '2018-04-08',
               '2018-04-09', '2018-04-10', '2018-04-11', '2018-04-12',
               '2018-04-13', '2018-04-14', '2018-04-15', '2018-04-16',
               '2018-04-17', '2018-04-18', '2018-04-19', '2018-04-20'],
              dtype='datetime64[ns]', freq='D')

pd.date_range(end = '2018/6/1', periods=20)

DatetimeIndex(['2018-05-13', '2018-05-14', '2018-05-15', '2018-05-16',
               '2018-05-17', '2018-05-18', '2018-05-19', '2018-05-20',
               '2018-05-21', '2018-05-22', '2018-05-23', '2018-05-24',
               '2018-05-25', '2018-05-26', '2018-05-27', '2018-05-28',
               '2018-05-29', '2018-05-30', '2018-05-31', '2018-06-01'],
              dtype='datetime64[ns]', freq='D')
```

图 10.25　日期范围 3

默认情况下，pd.date_range 函数会保留完整的时间信息，但可通过 normalize 参数使其规范化，如图 10.26 所示。

```
pd.date_range(start = '2018/6/1 15:11:34', periods=10)

DatetimeIndex(['2018-06-01 15:11:34', '2018-06-02 15:11:34',
               '2018-06-03 15:11:34', '2018-06-04 15:11:34',
               '2018-06-05 15:11:34', '2018-06-06 15:11:34',
               '2018-06-07 15:11:34', '2018-06-08 15:11:34',
               '2018-06-09 15:11:34', '2018-06-10 15:11:34'],
              dtype='datetime64[ns]', freq='D')


pd.date_range(start = '2018/6/1 15:11:34', periods=10, normalize=True)

DatetimeIndex(['2018-06-01', '2018-06-02', '2018-06-03', '2018-06-04',
               '2018-06-05', '2018-06-06', '2018-06-07', '2018-06-08',
               '2018-06-09', '2018-06-10'],
              dtype='datetime64[ns]', freq='D')
```

图 10.26　日期范围 4

10.3.2　频率与移动

时间序列的频率由基础频率和日期偏移量组成。例如，通过 4H 就可以创建以 4 个小时为频率的 DatetimeIndex 索引，如图 10.27 所示。

```
pd.date_range(start = '2018/4/1', periods=10, freq='4H')

DatetimeIndex(['2018-04-01 00:00:00', '2018-04-01 04:00:00',
               '2018-04-01 08:00:00', '2018-04-01 12:00:00',
               '2018-04-01 16:00:00', '2018-04-01 20:00:00',
               '2018-04-02 00:00:00', '2018-04-02 04:00:00',
               '2018-04-02 08:00:00', '2018-04-02 12:00:00'],
              dtype='datetime64[ns]', freq='4H')
```

图 10.27　频率 1

更为复杂的频率字符串，也可以被高效地解析为相对应的频率，如图 10.28 所示。

```
pd.date_range(start = '2018/4/1', periods=20, freq='2H20min38S')

DatetimeIndex(['2018-04-01 00:00:00', '2018-04-01 02:20:38',
               '2018-04-01 04:41:16', '2018-04-01 07:01:54',
               '2018-04-01 09:22:32', '2018-04-01 11:43:10',
               '2018-04-01 14:03:48', '2018-04-01 16:24:26',
               '2018-04-01 18:45:04', '2018-04-01 21:05:42',
               '2018-04-01 23:26:20', '2018-04-02 01:46:58',
               '2018-04-02 04:07:36', '2018-04-02 06:28:14',
               '2018-04-02 08:48:52', '2018-04-02 11:09:30',
               '2018-04-02 13:30:08', '2018-04-02 15:50:46',
               '2018-04-02 18:11:24', '2018-04-02 20:32:02'],
              dtype='datetime64[ns]', freq='8438S')
```

图 10.28　频率 2

时间序列的常用基础频率如表 10.3 所示。

表 10.3　时间序列的常用基础频率

别　名	使用说明
D	每日历日
B	每工作日
H	每小时
T或者min	每分钟
S	每秒
M	每月最后一个日历日
BM	每月最后一个工作日
A-JAN、A-FEB…	每年指定月份的最后一个日历日

移动数据就是沿着时间索引将数据向前移或向后移。通过 shift 方法可以完成移动数据的操作，如图 10.29 所示。

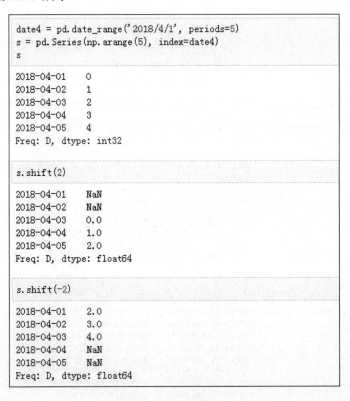

图 10.29　移动数据 1

这种单纯的移动不会修改索引，而是使部分数据被丢弃。如果在 shift 方法中传入频率参数，这样就是修改索引了，如图 10.30 所示。

```
s.shift(2,freq='D')

2018-04-03    0
2018-04-04    1
2018-04-05    2
2018-04-06    3
2018-04-07    4
Freq: D, dtype: int32

s.shift(2, freq='M')

2018-05-31    0
2018-05-31    1
2018-05-31    2
2018-05-31    3
2018-05-31    4
dtype: int32
```

图 10.30　移动数据 2

10.4　时期

时期表示的是时间区间，如数日、数月和数年等。本节将讲解时期的构造方法、时期数据的频率转换和其数据转换。

10.4.1　时期基础

Period 可以创建时期数据类型，传入字符串或者整数、频率即可，如图 10.31 所示。

图 10.31 中的 Period 对象表示从 2018 年 1 月 1 日到 2018 年 12 月 31 日之间的整段时间。该 Period 对象可以进行加法和减法计算，使其进行时间的偏移。两个 Period 对象如果有相同频率，则它们的差为它们之间的单位数量，如图 10.32 所示。

```
p + 2

Period('2020', 'A-DEC')

p - 5

Period('2013', 'A-DEC')

pd.Period(2025, freq='A-DEC') - p

7
```

```
p = pd.Period(2018, freq='A-DEC')
p

Period('2018', 'A-DEC')
```

图 10.31　时期数据类型

图 10.32　时期计算

类似于 pd.date_range，pd.period_range 函数可以创建时期范围，PeriodIndex 索引同样可以构造 Series 或 DataFrame，如图 10.33 所示。

```
date5 = pd.period_range('2018/4/1', '2018/10/5', freq='M')
date5

PeriodIndex(['2018-04', '2018-05', '2018-06', '2018-07', '2018-08', '2018-09',
             '2018-10'],
            dtype='period[M]', freq='M')

pd.Series(np.arange(7), index=date5)

2018-04    0
2018-05    1
2018-06    2
2018-07    3
2018-08    4
2018-09    5
2018-10    6
Freq: M, dtype: int32
```

图 10.33　时期范围

10.4.2　频率转换

Period 和 PeriodIndex 对象可以通过 asfreq 方法转换频率，如图 10.34 所示为将年度时期转换为月度时期。

当年度的频率不是位于 12 月时，转换频率就会发生变化，如图 10.35 所示。

```
p = pd.Period(2018, freq='A-DEC')
p

Period('2018', 'A-DEC')

p.asfreq('M', how='start')

Period('2018-01', 'M')

p.asfreq('M', how='end')

Period('2018-12', 'M')
```

```
p = pd.Period(2018, freq='A-JUN')
p

Period('2018', 'A-JUN')

p.asfreq('M', how='start')

Period('2017-07', 'M')

p.asfreq('M', how='end')

Period('2018-06', 'M')
```

图 10.34　频率转换 1　　　　　　　　　　　图 10.35　频率转换 2

PeriodIndex 对象的频率转换方式也一样，如图 10.36 所示。

```
date6 = pd.period_range('2014', '2018', freq='A-DEC')
date6

PeriodIndex(['2014', '2015', '2016', '2017', '2018'], dtype='period[A-DEC]', freq='A-DEC')

ps = pd.Series(np.arange(5), index=date6)
ps

2014    0
2015    1
2016    2
2017    3
2018    4
Freq: A-DEC, dtype: int32

ps.asfreq('M', how='start')

2014-01    0
2015-01    1
2016-01    2
2017-01    3
2018-01    4
Freq: M, dtype: int32
```

图 10.36　频率转换 3

10.4.3　时期数据转换

利用 to_period 方法可以将由时间戳索引的时间序列数据转换为以时期为索引，如图 10.37 所示。

```
date7 = pd.date_range('2018/4/1', periods=4, freq='M')
s = pd.Series(np.arange(4), index=date7)
s

2018-04-30    0
2018-05-31    1
2018-06-30    2
2018-07-31    3
Freq: M, dtype: int32

ps = s.to_period()
ps

2018-04    0
2018-05    1
2018-06    2
2018-07    3
Freq: M, dtype: int32
```

图 10.37　to_period 方法

当然，也可以指定转换的频率，如图 10.38 所示。通过 to_timestamp 方法可以进行逆操作，如图 10.39 所示。

```
ps = s.to_period('A-DEC')
ps

2018    0
2018    1
2018    2
2018    3
Freq: A-DEC, dtype: int32
```

图 10.38　指定频率

```
ps = s.to_period()
ps

2018-04    0
2018-05    1
2018-06    2
2018-07    3
Freq: M, dtype: int32
```

```
ps.to_timestamp(how='start')

2018-04-01    0
2018-05-01    1
2018-06-01    2
2018-07-01    3
Freq: MS, dtype: int32
```

图 10.39　进行逆操作

10.5　频率转换与重采样

重采样是时间序列频率转换的处理过程。高频率聚合到低频率称为降采样，而低频率转换为高频率为升采样。本节将讲解重采样的使用方法。

10.5.1　重采样

pandas 中的 resample 方法用于各种频率的转换工作。如图 10.40 所示为将间隔为"天"的频率转换为间隔为"月度"的频率，这里的聚合方法为平均值。

```
date = pd.date_range(start = '2018/4/1', periods=100, freq='D')
s = pd.Series(np.arange(100),index=date)
s.head(10)

2018-04-01    0
2018-04-02    1
2018-04-03    2
2018-04-04    3
2018-04-05    4
2018-04-06    5
2018-04-07    6
2018-04-08    7
2018-04-09    8
2018-04-10    9
Freq: D, dtype: int32
```

```
s.resample('M').mean()

2018-04-30    14.5
2018-05-31    45.0
2018-06-30    75.5
2018-07-31    95.0
Freq: M, dtype: float64
```

图 10.40　天频率转换为月度频率

如表 10.4 所示为 resample 方法的参数及说明，具体使用方法后面会详细解说。

表 10.4　resample方法的参数及说明

参　　数	使用说明
freq	转换频率
axies=0	重采样的轴
closed='right'	在降采样中，设置各时间段哪端是闭合的
label='right'	在降采样中，如何设置聚合值的标签
loffset=None	设置时间偏移量
kind=None	聚合到时期或时间戳，默认为时间序列的索引类型
convention=None	升采样所采用的约定（start或end）。默认为end

10.5.2　降采样

在降采样中，重点需要考虑的是 closed 和 label 参数，这两个参数分别表示哪边区间是闭合的，哪边用于标记。如图 10.41 所示为将两个参数值都设置为 right。

```
date = pd.date_range(start = '2018/4/1', periods=12, freq='D')
s = pd.Series(np.arange(12),index=date)
s

2018-04-01    0
2018-04-02    1
2018-04-03    2
2018-04-04    3
2018-04-05    4
2018-04-06    5
2018-04-07    6
2018-04-08    7
2018-04-09    8
2018-04-10    9
2018-04-11    10
2018-04-12    11
Freq: D, dtype: int32


s.resample('5D', closed='right', label='right').sum()

2018-04-01    0
2018-04-06    15
2018-04-11    40
2018-04-16    11
Freq: 5D, dtype: int32
```

图 10.41　降采样 1

如图 10.42 所示为将 closed 和 label 参数值均设为 left。其处理的过程如图 10.43 所示。

```
s.resample('5D', closed='left', label='left').sum()
2018-04-01     10
2018-04-06     35
2018-04-11     21
Freq: 5D, dtype: int32
```

图 10.42　降采样 2

图 10.43　参数示例

通过设置 loffset 日期偏移量，也可以看出其时间戳所属的区间，如图 10.44 所示。

```
s.resample('5D', closed='right', label='right', loffset='-1D').sum()
2018-03-31     0
2018-04-05     15
2018-04-10     40
2018-04-15     11
Freq: 5D, dtype: int32
```

图 10.44　设置 loffset 偏移量

10.5.3　升采样

在升采样中用到的就不再是聚合，而是需要对缺失值进行填充，其填充方法与前面介绍的 fillna 一样，如图 10.45 所示。也可以设置填充的个数，如图 10.46 所示。

```
date = [datetime(2018,4,3), datetime(2018,4,13)]
s = pd.Series([2, 5],index=date)
s

2018-04-03     2
2018-04-13     5
dtype: int64

s.resample('D').ffill()

2018-04-03     2
2018-04-04     2
2018-04-05     2
2018-04-06     2
2018-04-07     2
2018-04-08     2
2018-04-09     2
2018-04-10     2
2018-04-11     2
2018-04-12     2
2018-04-13     5
Freq: D, dtype: int64
```

```
s.resample('D').ffill(2)

2018-04-03     2.0
2018-04-04     2.0
2018-04-05     2.0
2018-04-06     NaN
2018-04-07     NaN
2018-04-08     NaN
2018-04-09     NaN
2018-04-10     NaN
2018-04-11     NaN
2018-04-12     NaN
2018-04-13     5.0
Freq: D, dtype: float64
```

图 10.45　升采样 1

图 10.46　升采样 2

10.6　综合示例——自行车租赁数据

本节以 Kaggle 官网中的华盛顿自行车租赁数据为例，利用时间序列方法，通过 pandas 可视化的手段，分析自行车租赁随时间及天气变化的分布情况。

10.6.1　数据来源

该案例使用的数据集可在 Kaggle 网站（https://www.kaggle.com/c/bike-sharing-demand /data）中下载，这里下载训练集，如图 10.47 所示。

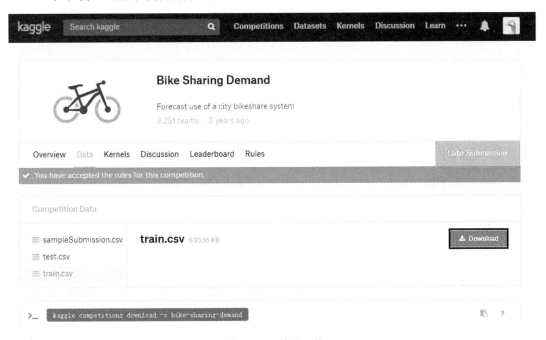

图 10.47　数据下载

如图 10.48 所示，通过 pandas 读取下载好的 CSV 文件，即可加载该数据集。该数据为 Kaggle 官网上公开的华盛顿自行车共享计划中的自行车租赁数据。数据字段介绍信息可通过 Kaggle 官网进行查看，如图 10.49 所示。在自行车租赁数据集中：datetime 为租赁时间；season 为季节，1 为春季、2 为夏季，依此类推；holiday 表示是否为假期，0 为非假期，1 为假期；workingday 与 holiday 值正好相反，0 为非工作日，1 为工作日；weather 为天气情况，数字越大，天气越差；temp 和 atemp 为气温；humidity 为湿度；windspeed 为风速；casual 为普通用户；registered 为注册用户；count 为租赁自行车数量。

```
import numpy as np
import pandas as pd
import matplotlib.pyplot as plt
%matplotlib inline

bike = pd.read_csv(open(r'H:\python数据分析\数据\bike.csv'))
bike.head()
```

	datetime	season	holiday	workingday	weather	temp	atemp	humidity	windspeed	casual	registered	count
0	2011-01-01 00:00:00	1	0	0	1	9.84	14.395	81	0.0	3	13	16
1	2011-01-01 01:00:00	1	0	0	1	9.02	13.635	80	0.0	8	32	40
2	2011-01-01 02:00:00	1	0	0	1	9.02	13.635	80	0.0	5	27	32
3	2011-01-01 03:00:00	1	0	0	1	9.84	14.395	75	0.0	3	10	13
4	2011-01-01 04:00:00	1	0	0	1	9.84	14.395	75	0.0	0	1	1

图 10.48　自行车租赁数据

Data Fields

datetime - hourly date + timestamp

season - 1 = spring, 2 = summer, 3 = fall, 4 = winter

holiday - whether the day is considered a holiday

workingday - whether the day is neither a weekend nor holiday

weather - 1: Clear, Few clouds, Partly cloudy, Partly cloudy

2: Mist + Cloudy, Mist + Broken clouds, Mist + Few clouds, Mist

3: Light Snow, Light Rain + Thunderstorm + Scattered clouds, Light Rain + Scattered clouds

4: Heavy Rain + Ice Pallets + Thunderstorm + Mist, Snow + Fog

temp - temperature in Celsius

atemp - "feels like" temperature in Celsius

humidity - relative humidity

windspeed - wind speed

casual - number of non-registered user rentals initiated

registered - number of registered user rentals initiated

count - number of total rentals

图 10.49　数据字段信息

10.6.2　定义问题

本次分析围绕时间提出问题：时间段与自行车租赁的关系情况。

10.6.3　数据清洗

首先查看各字段是否有缺失值，如图 10.50 所示。可以看出，各字段没有缺失值。

然后查看各字段数据类型，发现 datetime 字段不是时间数据类型，如图 10.51 所示。

```
bike.isnull().sum()

datetime       0
season         0
holiday        0
workingday     0
weather        0
temp           0
atemp          0
humidity       0
windspeed      0
casual         0
registered     0
count          0
dtype: int64
```

图 10.50　查看缺失值

```
bike.dtypes

datetime       object
season          int64
holiday         int64
workingday      int64
weather         int64
temp          float64
atemp         float64
humidity        int64
windspeed     float64
casual          int64
registered      int64
count           int64
dtype: object
```

图 10.51　查看数据类型

此时需利用 pd.to_datetime 函数将其转换为 datetime 类数据，如图 10.52 所示。

```
bike['datetime'] = pd.to_datetime(bike['datetime'])
bike.dtypes

datetime      datetime64[ns]
season                 int64
holiday                int64
workingday             int64
weather                int64
temp                 float64
atemp                float64
humidity               int64
windspeed            float64
casual                 int64
registered             int64
count                  int64
dtype: object
```

图 10.52　转换为 datetime 类数据

最后将 datetime 字段设置为 DataFrame 的索引，这样就成为了时间序列数据，如图 10.53 所示。

```
bike = bike.set_index('datetime')
bike.head()
```

datetime	season	holiday	workingday	weather	temp	atemp	humidity	windspeed	casual	registered	count
2011-01-01 00:00:00	1	0	0	1	9.84	14.395	81	0.0	3	13	16
2011-01-01 01:00:00	1	0	0	1	9.02	13.635	80	0.0	8	32	40
2011-01-01 02:00:00	1	0	0	1	9.02	13.635	80	0.0	5	27	32
2011-01-01 03:00:00	1	0	0	1	9.84	14.395	75	0.0	3	10	13
2011-01-01 04:00:00	1	0	0	1	9.84	14.395	75	0.0	0	1	1

图 10.53　设置索引

10.6.4 数据探索

首先利用 groupby 方法也可以进行降采样，这里降采样到年份数据，如图 10.54 所示。可以看出，2012 年的租赁数要高于 2011 年。

```
y_bike = bike.groupby(lambda x: x.year).mean()
y_bike['count']

2011    144.223349
2012    238.560944
Name: count, dtype: float64
```

图 10.54　年份租赁数

然后通过下面的代码绘制柱状图，如图 10.55 所示。

```
y_bike['count'].plot(kind='bar')
```

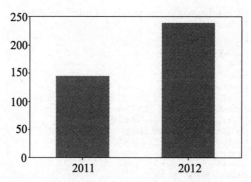

图 10.55　自行车年份租赁数分布

接着再利用 resample 方法，将数据重采样到月份，类型为时期类型，如图 10.56 所示。

```
m_bike = bike.resample('M', kind='period').mean()
m_bike.head()
```

datetime	season	holiday	workingday	weather	temp	atemp	humidity	windspeed	casual	registered	count
2011-01	1.0	0.055684	0.612529	1.440835	8.633782	10.767981	56.308585	13.749830	4.658933	49.986079	54.645012
2011-02	1.0	0.000000	0.733184	1.378924	11.331076	13.999922	53.580717	15.509298	8.466368	65.174888	73.641256
2011-03	1.0	0.000000	0.735426	1.466368	14.063184	16.895594	55.923767	16.033866	17.735426	69.114350	86.849776
2011-04	2.0	0.052747	0.630769	1.619780	17.776879	21.239835	66.285714	15.844234	26.876923	84.149451	111.026374
2011-05	2.0	0.000000	0.736842	1.528509	21.528596	25.455143	71.421053	12.355358	34.791667	140.017544	174.809211

图 10.56　重采样

然后利用 plot 方法绘制时间序列图，如图 10.57 所示。由图可知，2011 年和 2012 的趋势大致相同，前几月逐渐增加，到 5、6 月份到达峰值，再到 9 月份后逐渐减少。

```
fig, axes = plt.subplots(2, 1)                        #两行一列
m_bike['2011']['count'].plot(ax=axes[0],sharex=True)  #贡献 X 轴
m_bike['2012']['count'].plot(ax=axes[1])
```

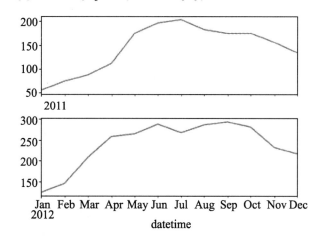

图 10.57　自行车月份租赁数分布

为了分析每天和每小时的租赁数分布情况，对日（day）和时（hour）的数据进行单独存储，如图 10.58 所示。

```
bike['day'] = bike.index.day
bike['hour'] = bike.index.hour
bike.head()
```

datetime	season	holiday	workingday	weather	temp	atemp	humidity	windspeed	casual	registered	count	day	hour
2011-01-01 00:00:00	1	0	0	1	9.84	14.395	81	0.0	3	13	16	1	0
2011-01-01 01:00:00	1	0	0	1	9.02	13.635	80	0.0	8	32	40	1	1
2011-01-01 02:00:00	1	0	0	1	9.02	13.635	80	0.0	5	27	32	1	2
2011-01-01 03:00:00	1	0	0	1	9.84	14.395	75	0.0	3	10	13	1	3
2011-01-01 04:00:00	1	0	0	1	9.84	14.395	75	0.0	0	1	1	1	4

图 10.58　day 和 hour 字段

然后对 day 字段进行分组统计，如图 10.59 所示。

🔔**注意**：训练数据只有前 19 天。

通过下面的代码绘制折线图，如图 10.60 所示。

```
d_bike.plot()
```

```
d_bike = bike.groupby('day')['count'].mean()
d_bike

day
1      180.333913
2      183.910995
3      194.696335
4      195.705575
5      189.765217
6      189.860140
7      183.773519
8      179.041812
9      187.897391
10     195.183566
11     195.679577
12     190.675393
13     194.160279
14     195.829268
15     201.527875
16     191.353659
17     205.660870
18     192.605684
19     192.311847
Name: count, dtype: float64
```

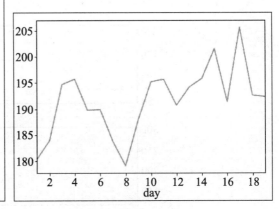

图 10.59 自行车每日租赁数　　　　图 10.60 自行车每日租赁数分布

同样，再对 hour 字段进行处理，如图 10.61 所示。图中有明显的两个峰值，都是上、下班时间段，并且晚上的峰值更高。

```
h_bike = bike.groupby('hour')['count'].mean()
h_bike.plot()
```

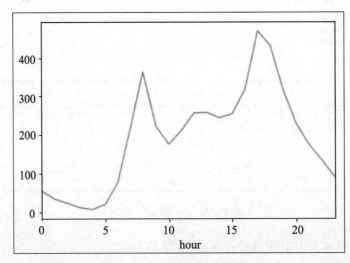

图 10.61 自行车每小时租赁数分布

最后来分析下天气对自行车租赁数据的影响，如图 10.62 所示。可以看出，天气越差，自行车租赁数越少，但在极端天气下却略有上升。

```
weather_bike = bike.groupby('weather')['count'].mean()
weather_bike
```

```
weather
1    205.236791
2    178.955540
3    118.846333
4    164.000000
Name: count, dtype: float64
```

```
weather_bike.plot(kind='bar')
```

```
<matplotlib.axes._subplots.AxesSubplot at 0x110fc5c0>
```

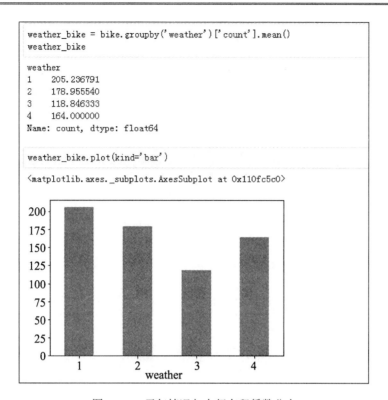

图 10.62　天气情况与自行车租赁数分布

第 11 章　综合案例——网站日志分析

网站的日志数据记录了所有 Web 对服务器的访问活动。本章主要讲解如何通过 Python 第三方库解析网站日志；如何利用 pandas 对网站日志数据进行预处理，并结合前面章节中的数据分析和数据可视化技术，对网站日志数据进行分析。

下面给出本章涉及的知识点与学习目标。

- 网站日志解析：学会 apache-log-parser 的安装和使用。
- 数据清洗：学会网站日志数据的清洗。
- 数据分析：巩固前面章节中介绍的数据分析和可视化技术。

11.1　数据来源

本节将讲解如何利用 Python 第三方库 apache-log-parser 解析网站日志，并利用 pandas 对数据进行预处理。

11.1.1　网站日志解析

本章使用的 Apache log 数据如图 11.1 所示。

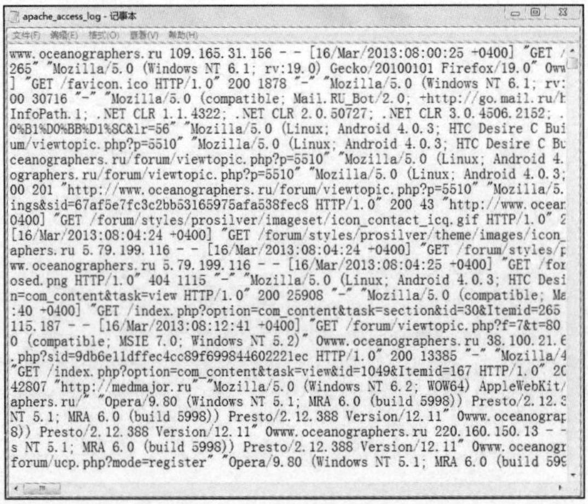

图 11.1　Apache log 数据

注意： 该数据集可以从本书的配套资源中下载。

网站日志数据是有对应格式的，这里需要通过 apache-log-parser 库对该数据进行解析，使其变为规范的数据结构。如图 11.2 所示，首先通过 PIP 安装 apache-log-parser 解析库。

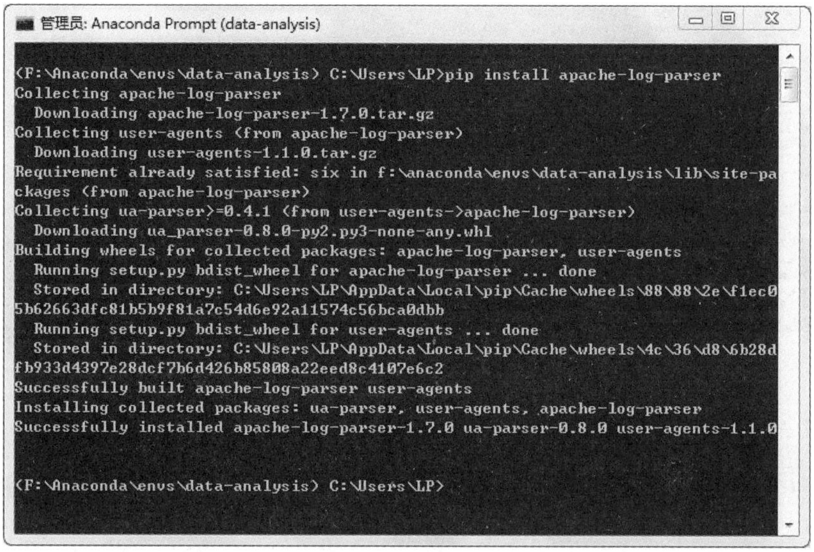

```
管理员: Anaconda Prompt (data-analysis)

(F:\Anaconda\envs\data-analysis) C:\Users\LP>pip install apache-log-parser
Collecting apache-log-parser
  Downloading apache-log-parser-1.7.0.tar.gz
Collecting user-agents (from apache-log-parser)
  Downloading user-agents-1.1.0.tar.gz
Requirement already satisfied: six in f:\anaconda\envs\data-analysis\lib\site-pa
ckages (from apache-log-parser)
Collecting ua-parser>=0.4.1 (from user-agents->apache-log-parser)
  Downloading ua_parser-0.8.0-py2.py3-none-any.whl
Building wheels for collected packages: apache-log-parser, user-agents
  Running setup.py bdist_wheel for apache-log-parser ... done
  Stored in directory: C:\Users\LP\AppData\Local\pip\Cache\wheels\88\88\2e\f1ec0
5b62663dfc81b5b9f81a7c54d6e92a11574c56bca0dbb
  Running setup.py bdist_wheel for user-agents ... done
  Stored in directory: C:\Users\LP\AppData\Local\pip\Cache\wheels\4c\36\d8\6b28d
fb933d4397e28dcf7b6d426b85808a22eed8c4107e6c2
Successfully built apache-log-parser user-agents
Installing collected packages: ua-parser, user-agents, apache-log-parser
Successfully installed apache-log-parser-1.7.0 ua-parser-0.8.0 user-agents-1.1.0

(F:\Anaconda\envs\data-analysis) C:\Users\LP>
```

图 11.2　安装解析库

apache-log-parser 解析库的使用方法很简单，首先需要了解该日志的格式，以此定义网站日志的数据格式，然后通过 make_parse 传入即可创建解析器，如图 11.3 所示。

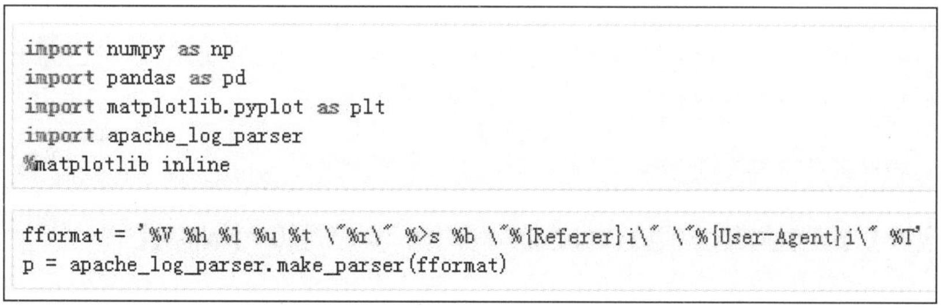

```
import numpy as np
import pandas as pd
import matplotlib.pyplot as plt
import apache_log_parser
%matplotlib inline

fformat = '%V %h %l %u %t \"%r\" %>s %b \"%{Referer}i\" \"%{User-Agent}i\" %T'
p = apache_log_parser.make_parser(fformat)
```

图 11.3　创建解析器

注意： 各字段的含义可参考网站 https://stackoverflow.com/questions/9234699/understanding-apaches-access-log 上的说明。

在 log 文件中提取一条日志，利用解析器去解析，如图 11.4 所示。可以看出，解析后的数据为字典结构。

```
sample_string = 'koldunov.net 85.26.235.202 - - [16/Mar/2013:00:19:43 +0400] "GET /?p=364 HTTP/1.0" 200 65237 "http://koldunov.net/?p=364" "Moz
data = p(sample_string)
data
```
```
{'remote_host': '85.26.235.202',
 'remote_logname': '-',
 'remote_user': '-',
 'request_first_line': 'GET /?p=364 HTTP/1.0',
 'request_header_referer': 'http://koldunov.net/?p=364',
 'request_header_user_agent': 'Mozilla/5.0 (Windows NT 5.1) AppleWebKit/537.11 (KHTML, like Gecko) Chrome/23.0.1271.64 Safari/537.11',
 'request_header_user_agent__browser__family': 'Chrome',
 'request_header_user_agent__browser__version_string': '23.0.1271',
 'request_header_user_agent__is_mobile': False,
 'request_header_user_agent__os__family': 'Windows',
 'request_header_user_agent__os__version_string': 'XP',
 'request_http_ver': '1.0',
 'request_method': 'GET',
 'request_url': '/?p=364',
 'request_url_fragment': '',
 'request_url_hostname': None,
 'request_url_netloc': '',
 'request_url_password': None,
 'request_url_path': '/',
 'request_url_port': None,
 'request_url_query': 'p=364',
 'request_url_query_dict': {'p': ['364']},
 'request_url_query_list': [('p', '364')],
 'request_url_query_simple_dict': {'p': '364'},
 'request_url_scheme': '',
 'request_url_username': None,
```

图 11.4　解析日志示例

通过以下代码读取 log 文件，逐行进行读取并解析为字典，然后将字典传入列表中，以此构造 DataFrame，如图 11.5 所示。这里提取感兴趣的几个字段，status 为状态码，response_bytes_clf 为返回的字节数（流量），remote_host 为远端主机 IP 地址，request_first_line 为请求内容，time_received 为时间数据。

```
datas = open(r'H:\python 数据分析\数据\apache_access_log').readlines()
                                                        #逐行读取数据
log_list = []
for line in datas:
    data = p(line)
    data['time_received'] = data['time_received'][1:12]+' '+data['time_received'][13:21]+' '+data['time_received'][22:27]   #时间数据整理
    log_list.append(data)                               #传入列表

log = pd.DataFrame(log_list)                            #构造 DataFrame
log = log[['status','response_bytes_clf','remote_host','request_first_line','time_received']]   #提取感兴趣的字段
log.head()
```

	status	response_bytes_clf	remote_host	request_first_line	time_received
0	200	26126	109.165.31.156	GET /index.php?option=com_content&task=section...	16/Mar/2013 08:00:25 +0400
1	200	10532	109.165.31.156	GET /templates/ja_procyon/css/template_css.css...	16/Mar/2013 08:00:25 +0400
2	200	1853	109.165.31.156	GET /templates/ja_procyon/switcher.js HTTP/1.0	16/Mar/2013 08:00:25 +0400
3	200	37153	109.165.31.156	GET /includes/js/overlib_mini.js HTTP/1.0	16/Mar/2013 08:00:25 +0400
4	200	3978	109.165.31.156	GET /modules/ja_transmenu/transmenuh.css HTTP/1.0	16/Mar/2013 08:00:25 +0400

图 11.5　日志解析数据

11.1.2 日志数据清洗

首先查看各字段是否有缺失值，如图 11.6 所示。可以看出，各字段中没有缺失值。

```
log.isnull().sum()

status                 0
response_bytes_clf     0
remote_host            0
request_first_line     0
time_received          0
dtype: int64
```

图 11.6　查看缺失值

然后把 time_received 字段转换为时间数据类型，并设置为索引，如图 11.7 所示。

```
log['time_received'] = pd.to_datetime(log['time_received'])
log = log.set_index('time_received')
log.head()
```

time_received	status	response_bytes_clf	remote_host	request_first_line
2013-03-16 04:00:25	200	26126	109.165.31.156	GET /index.php?option=com_content&task=section...
2013-03-16 04:00:25	200	10532	109.165.31.156	GET /templates/ja_procyon/css/template_css.css...
2013-03-16 04:00:25	200	1853	109.165.31.156	GET /templates/ja_procyon/switcher.js HTTP/1.0
2013-03-16 04:00:25	200	37153	109.165.31.156	GET /includes/js/overlib_mini.js HTTP/1.0
2013-03-16 04:00:25	200	3978	109.165.31.156	GET /modules/ja_transmenu/transmenuh.css HTTP/1.0

图 11.7　转换为 datetime 类数据

接着查看各字段数据类型，将 status 字段转换为 int 类型，如图 11.8 所示。

```
log.dtypes

status                 object
response_bytes_clf     object
remote_host            object
request_first_line     object
dtype: object

log['status'] = log['status'].astype('int')
```

图 11.8　转换类型

此时在对 response_bytes_clf 字段进行转换的过程中报错，查找原因发现其中含有 "-" 字符数据，如图 11.9 所示。

```
log[log['response_bytes_clf'] == '-'].head()
```

time_received	status	response_bytes_clf	remote_host	request_first_line
2013-03-16 04:19:41	304	-	178.154.206.250	GET /images/stories/researchers/laplace.jpg HT...
2013-03-16 04:33:14	304	-	178.154.206.250	GET /images/stories/researchers/treshnikov.jpg...
2013-03-16 04:42:43	304	-	178.154.206.250	GET /mypict/moc2.png HTTP/1.0
2013-03-16 04:47:04	302	-	176.8.91.244	POST /podcast/wp-comments-post.php HTTP/1.0
2013-03-16 05:14:31	304	-	178.154.206.250	GET /mypict/liza2_4_converted.jpg HTTP/1.0

图 11.9　字符数据

这里定义转换函数，当为"-"字符时，将其替换为空值，并将字节数据转换为 M 数据，如图 11.10 所示。

```
def dash2nan(x):
    if x == '-':
        x = np.nan
    else:
        x = float(x)/1048576
    return x

log['response_bytes_clf'] = log['response_bytes_clf'].map(dash2nan)
log.head()
```

time_received	status	response_bytes_clf	remote_host	request_first_line
2013-03-16 04:00:25	200	2.376146e-08	109.165.31.156	GET /index.php?option=com_content&task=section...
2013-03-16 04:00:25	200	9.578798e-09	109.165.31.156	GET /templates/ja_procyon/css/template_css.css...
2013-03-16 04:00:25	200	1.685294e-09	109.165.31.156	GET /templates/ja_procyon/switcher.js HTTP/1.0
2013-03-16 04:00:25	200	3.379046e-08	109.165.31.156	GET /includes/js/overlib_mini.js HTTP/1.0
2013-03-16 04:00:25	200	3.617970e-09	109.165.31.156	GET /modules/ja_transmenu/transmenuh.css HTTP/1.0

图 11.10　转换数据

11.2　日志数据分析

本节将利用时间序列绘图技术和 pandas 可视化技术，来可视化分析网站流量、网站的状态码和 IP 地址信息。

11.2.1　网站流量分析

首先对流量字段进行可视化，如图 11.11 所示。可以看出，流量起伏不大，但有一个极大峰值超过了 20MB。

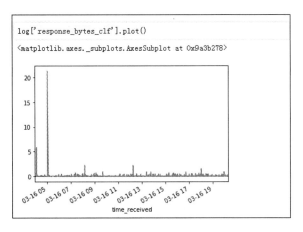

图 11.11　流量分析

这个流量峰值是怎样造成的？是网络攻击吗？找到该条数据发现是用户下载了一个 PDF 文件，因此导致流量很大，如图 11.12 所示。

```
log[log['response_bytes_clf']>20]
```

time_received	status	response_bytes_clf	remote_host	request_first_line
2013-03-16 05:02:59	200	21.365701	77.50.248.20	GET /books/Bondarenko.pdf HTTP/1.0

图 11.12　查看流量峰值

然后对时间进行重采样（30min）并继续计数，可以看出每个时间段访问的次数。如图 11.13 所示，在早上 8 点的访问次数最多，其余时间处于上下波动中。

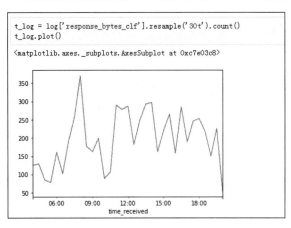

图 11.13　访问次数分布 1

当继续转换频率到低频率时，上下波动就不明显了，如图 11.14 所示。

```
h_log = log['response_bytes_clf'].resample('H').count()
h_log.plot()

<matplotlib.axes._subplots.AxesSubplot at 0xb43aef0>
```

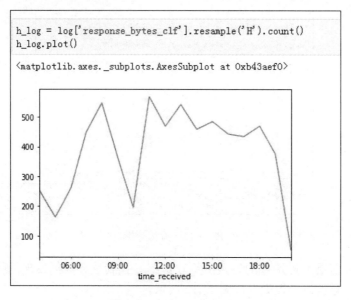

图 11.14　访问次数分布 2

这里构造访问次数和访问流量的 DataFrame，以分析它们之间的关联，如图 11.15 所示。

```
d_log = pd.DataFrame({'count':log['response_bytes_clf'].resample('10t').count(),
                      'sum':log['response_bytes_clf'].resample('10t').sum()})
d_log.head()
```

time_received	count	sum
2013-03-16 04:00:00	59	6.957677
2013-03-16 04:10:00	35	0.929472
2013-03-16 04:20:00	31	0.771323
2013-03-16 04:30:00	35	0.771191
2013-03-16 04:40:00	38	0.943575

图 11.15　构造 DataFrame

通过以下代码绘制折线图，效果如图 11.16 所示。由图可以看出，访问次数与流量具有相关性。

```
plt.figure(figsize=(10,6))                    #设置图表大小
ax1 = plt.subplot(111)                        #一个 subplot
ax2 = ax1.twinx()                             #公用 x 轴
ax1.plot(d_log['count'],color='r',label='count')
ax1.legend(loc=2)
ax2.plot(d_log['sum'],label='sum')
ax2.legend(loc=0)
```

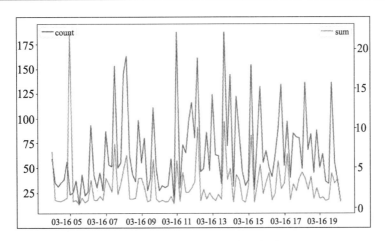

图 11.16 流量与访问次数分布图

对于相关性大小，可以通过求相关系数来计算，如图 11.17 所示。

```
d_log.corr()
```

	count	sum
count	1.000000	0.512629
sum	0.512629	1.000000

图 11.17 相关系数

11.2.2 状态码分析

首先对状态码进行分组统计，如图 11.18 所示。

```
status_log = log.groupby('status')['remote_host'].count()
status_log

status
200     5606
206       11
301      629
302        6
304       75
400        1
403      247
404       59
Name: remote_host, dtype: int64
```

图 11.18 状态码分组统计

然后对状态码数据进行可视化，效果如图 11.19 所示，可以看出正常访问的状态是最多的。

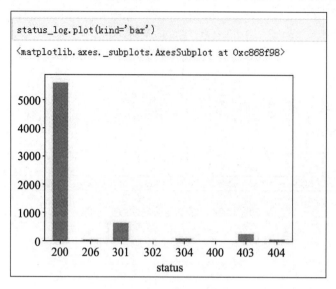

图 11.19　状态码可视化

接着对 404、403 和 200 状态码进行时间序列分析，通过以下代码构造 DataFrame，如图 11.20 所示。

```
log_404 = log['status'][log['status'] == 404].resample('2H').count()
log_403 = log['status'][log['status'] == 403].resample('2H').count()
log_200 = log['status'][log['status'] == 200].resample('2H').count()
                                                #统计状态码个数

new_log = pd.DataFrame({'Not Found':log_404, 'Forbidden':log_403,
'Success':log_200})  #构造 DataFrame
new_log
```

time_received	Forbidden	Not Found	Success
2013-03-16 04:00:00	22	3	375
2013-03-16 06:00:00	26	2	607
2013-03-16 08:00:00	45	2	780
2013-03-16 10:00:00	29	4	699
2013-03-16 12:00:00	27	5	886
2013-03-16 14:00:00	42	21	785
2013-03-16 16:00:00	16	14	757
2013-03-16 18:00:00	38	6	669
2013-03-16 20:00:00	2	2	48

图 11.20　构造 DataFrame

🔖说明：图 11.20 中，Forbidden 字段对应的状态码为 404；Not Found 字段对应的状态码为 403；Success 字段对应的状态码为 200。

然后将这些数据进行可视化，代码和效果如图 11.21 所示。

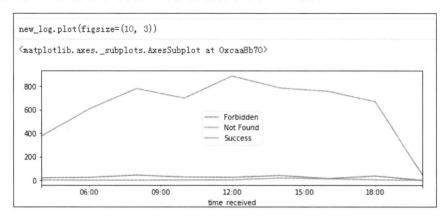

图 11.21 状态码时间序列

也可以通过这些数据来绘制堆积柱状图，如图 11.22 所示。

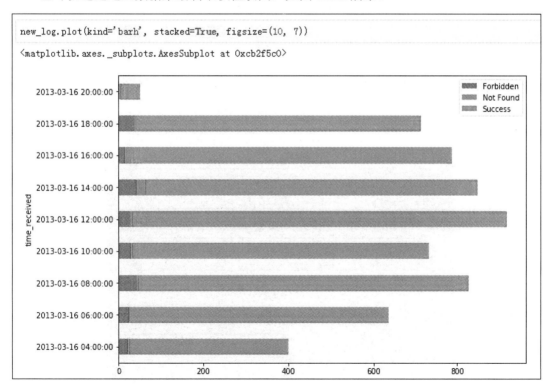

图 11.22 堆积柱状图

11.2.3　IP 地址分析

首先对 remote_host 字段进行计数，筛选前 10 位的 IP 进行绘图，效果如图 11.23 所示。代码如下：

```
ip_count = log['remote_host'].value_counts()[0:10]
ip_count.plot(kind='barh')
```

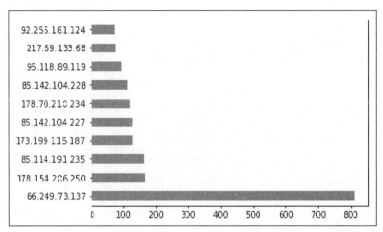

图 11.23　IP 前 10 位

pygeoip 库可以将 IP 地址解析为地理数据，通过 PIP 进行安装，如图 11.24 所示。与此同时，需在该网站上（https://dev.maxmind.com/geoip/legacy/geolite/）下载 DAT 文件才可以解析 IP 地址，如图 11.25 所示。

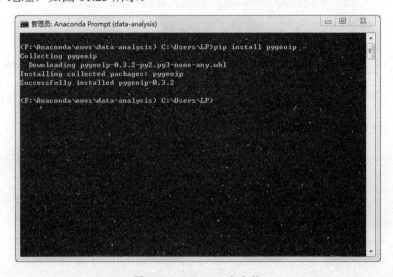

图 11.24　pygeoip 库安装

Downloads

Database	Binary / gzip	Binary / xz	CSV / gzip	CSV / zip	CSV / xz
	Download links				
GeoLite Country	Download	Gzip only	Zip only	Download	Zip only
GeoLite Country IPv6	Download	Gzip only	Download	Gzip only	Gzip only
GeoLite City	Download	Download	Zip and xz only	Download	Download
GeoLite City IPv6 (Beta)	Download	Gzip only	Download	Gzip only	Gzip only
GeoLite ASN	Download	Gzip only	Zip only	Download	Zip only
GeoLite ASN IPv6	Download	Gzip only	Zip only	Download	Zip only

The GeoLite Legacy databases may also be downloaded and updated with our GeoIP Update program.

图 11.25　DAT 文件下载

通过以下代码可以轻松解析 IP 地址，如图 11.26 所示。

```
import pygeoip
gi = pygeoip.GeoIP(r'H:\python数据分析\数据\GeoLiteCity.dat', pygeoip.MEMORY_CACHE)
info = gi.record_by_addr('64.233.161.99')
info
```

```
{'area_code': 650,
 'city': 'Mountain View',
 'continent': 'NA',
 'country_code': 'US',
 'country_code3': 'USA',
 'country_name': 'United States',
 'dma_code': 807,
 'latitude': 37.41919999999999,
 'longitude': -122.0574,
 'metro_code': 'San Francisco, CA',
 'postal_code': '94043',
 'region_code': 'CA',
 'time_zone': 'America/Los_Angeles'}
```

图 11.26　解析 IP 地址

然后通过 IP 地址进行分组统计，结果如图 11.27 所示。代码如下：

```
ips = log.groupby('remote_host')['status'].agg(['count'])
ips.head()
```

remote_host	count
100.44.124.8	26
108.171.252.242	24
109.165.31.156	12
109.171.109.164	4
109.191.82.110	14

图 11.27　分组统计

通过以下代码将 IP 解析的国家和经纬度写入 DataFrame 中，如图 11.28 所示。

```
ips['country'] = [gi.record_by_addr(i)['country_code3'] for i in ips.
index]
ips['latitude'] = [gi.record_by_addr(i)['latitude'] for i in ips.index]
ips['longitude'] = [gi.record_by_addr(i)['longitude'] for i in ips.index]

ips.head()
```

remote_host	count	country	latitude	longitude
100.44.124.8	26	USA	37.7510	-97.8220
108.171.252.242	24	USA	34.0115	-117.8535
109.165.31.156	12	RUS	47.2364	39.7139
109.171.109.164	4	RUS	55.0415	82.9346
109.191.82.110	14	RUS	55.1544	61.4297

图 11.28　IP 地址数据

最后对 country 字段进行分组统计，筛选出前 10 位的国家或地区进行绘图，如图 11.29 所示。可以看出，俄罗斯的访问量是最多的，由此可以推断出该网站来源于俄罗斯。

```
country = ips.groupby('country')['count'].sum()
country = country.sort_values(ascending=False)[0:10]

country.plot(kind='bar')
```

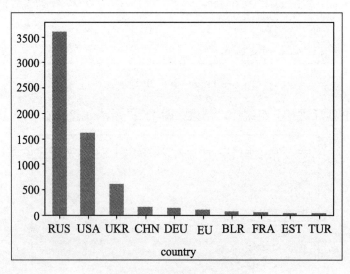

图 11.29　全球 IP 地址分布图